천문학자 닐 타이슨과 떠나는

우주 여행

천문학자 닐 타이스과 떠나는

우주
여행

캡 소시어 글 · 이충호 옮김

다림

차례

제1장_ 하늘을 바라본 어린 과학자   7

제2장_ 우주과학자의 어린 시절   15

제3장_ 하늘의 아름다운 것을 모두 보다   33

제4장_ 우주의 진화   61

제5장_ 우리가 살고 있는 은하   89

제6장_ 먼지에서 태어난 암석 행성   107

제7장_ 얼어붙은 거대 기체 행성   131

제8장_ 아버지, 시민, 과학자   155

제9장_ 내일의 꿈   175

제1장

하늘을 바라본
어린 과학자

열네 살 때 모하비 사막에서 천문학 캠프에 참석한 닐 더그래스 타이슨

"경찰서죠? 옆 아파트 건물 옥상에 도둑이 있어요."

이 신고 전화를 받은 경찰관은 급히 뉴욕 시 브롱크스의 고층 아파트로 출동해 곧장 옥상으로 올라갔어요. 그런데 애써서 그곳까지 올라간 경찰관은 허탈한 웃음을 지을 수밖에 없었어요. 그곳에는 도둑이 아니라, 십 대 소년이 망원경을 들여다보고 있었기 때문이에요. 경찰관은 소년의 권유를 못 이기고 망원경으로 달 표면과 토성과 그 고리를 보았는데, 그러자 비록 도둑은 못 잡았지만 헛수고를 한 것만은 아니라는 생각이 들었어요. 토성을 망원경으로 처음 본 기억은 누구나 평생 잊지 못하기 때문이지요.

옥상에서 망원경으로 하늘을 바라본 소년은 바로 훗날 유명한 천체물리학자가 된 닐 더그래스 타이슨(Neil deGrasse Tyson)이었어요. 닐은 어릴 때부터 늘 하늘만 생각하며 살았어요. 닐은 아홉 살 때부터 하늘에 푹 빠졌지요. 그리고 열한 살 때 행성, 위성, 혜성, 소행성, 별, 성간 공간을 포함해 우주에 있는 모든 것을 연구하는 천체물리학자가 되겠다고 마음먹었습니다.

닐은 초등학생 때 뉴욕 시의 헤이든 플라네타륨을 방문했어요. 은하수와 수많은 별들로 가득 찬 밤하늘 모습은 너무나도 경이로웠는데, 닐은 과연 그것들이 실제로 존재하는지 의심이 들었어요. 그래서 직접 자기 눈으로 하늘을 봐야겠다고 마음먹었어요. 처음에는 쌍안경으로 아파트 옥상에서 하늘을 보았지요. 그렇게 큰 달은 태어나서 처음 보았지만, 닐은 더 많은 것을 보고 싶었어요.

열세 살 때의 닐

닐은 열두 살이던 7학년 때 천체 망원경을 처음 선물 받았어요. 이제 망원경으로 행성과 별도 볼 수 있었지만, 닐은 '여전히' 더 많은 것을 보고 싶었어요.

그래서 이웃집 개를 산책시키는 아르바이트로 번 돈을 모아 더 큰 망원경을 샀어요. 또, 플라네타륨에서 천문학 강좌도 들었어요. 9학년을 마친 뒤에는 캘리포니아주 모하비 사막에서 열린 천문학 캠프에 참가했어요. 캠프에 참가한 사람들과 함께 밤늦게까지 자지 않고 행성과 위성, 별, 은하를 관측하는 경험은 정말 짜릿했어요. 낮에 땅 위에서 전갈의 독침을 피하려고 애쓰다가 밤에 하늘에서 보는 전갈자리는 특별한 느낌으로 다가왔지요.

같은 해에 닐은 개기 일식을 보러 아프리카 해안을 여행했어요. 뉴욕 시 탐험가 클럽*이 헤이든 플라네타륨 강좌를 열심히 들은 열

---

* 탐험가 클럽(Explorers Club)에 대해 더 자세한 것을 알고 싶으면, 이 단체의 웹사이트 http://www.explorers.org를 방문해 보세요.

정을 높이 사 닐에게 이 여행에 참여할 수 있도록 장학금을 주었거든요. 배를 타고 함께 여행에 나선 사람들 중에는 과학자와 엔지니어, 우주 비행사 등이 있었는데, 닐은 그중에서 가장 어렸어요. 이렇게 해서 닐의 장래는 열네 살 때 결정되었어요. 장차 커서 우주를 연구하는 과학자가 되기로 마음을 굳혔거든요.

우주를 연구하는 것은 왜 중요할까?

닐처럼 우주를 연구하는 과학자가 되길 원하는 사람이건, 아니면 그냥 취미로 별을 관측하길 원하는 사람이건, 누구나 지붕에서 밤하늘을 바라볼 수 있어요. 밤하늘 관측을 처음 시작할 때에는 뒤뜰이나 가까운 공원으로 가는 편이 더 나을 수 있어요. 캄캄한 밤에 빛이 밝은 곳에서 멀찌감치 떨어진 곳에 자리를 잡고 땅바닥에 드러누워 보세요. 풀잎이 무릎을 간질이고, 모기가 귓가에서 윙윙대더라도 신경 쓰지 말고 하늘의 별들과 행성들을 바라보세요. 큰곰자리와 작은곰자리 같은 별자리를 찾아보세요. 별자리는 신화에 등장하는 인물이나 동물, 물체의 형태를 하고 있어요. 혹은 점들을 연결하면서 자신만의 별자리를 만들어 보는 것도 재미있어요.

쌍안경이나 천체 망원경이 있으면, 더 많은 별들이 보이고, 또 행성들도 훨씬 가깝게 보일 거예요. 그러면 여러분도 닐처럼 우주를 탐구하는 훌륭한 우주과학자*가 된 거예요.

우리가 사는 행성인 지구뿐만 아니라, 그 너머에 있는 것들까지 탐구하고 싶은 마음은 사람이라면 누구나 지닌 본능이에요. 우리는 호기심이 많은 동물이어서 늘 더 많은 것을 알고 싶어 하고, 어떤 일이 왜 그렇게 일어나는지 이해하고 싶어 해요. 별들을 관측함으로써 우리는 우주가 어떻게 시작되었고, 별들이 어떻게 생겨났으며, 태양과 행성들이 어떻게 탄생했는지 알아냈어요. 그리고 행성들을 관측함으로써 언젠가 지구 밖의 다른 곳에도 생명이 존재한다는 증거를 발견할지도 몰라요. 또, 은하를 관측함으로써 우주의 미래를 예측할 수도 있어요.

우리는 이미 많은 것을 알아냈지만, 아직도 많은 수수께끼가 남아 있기 때문에, 우리는 계속해서 더 먼 우주를 바라보며 탐구해야 해요. 다행히도 우리는 똑똑한 뇌와 상상력을 갖고 있어 저 먼 우주에는 무엇이 있을까 생각하고 탐구할 수 있어요.

별의 먼지로 만들어진 존재

> 우리가 별들 사이에 살 뿐만 아니라, 별들도 우리 안에 살고 있다.
>
> 닐 더그래스 타이슨, 『타이슨이 연주하는 우주 교향곡』, 2007년

우주과학자들은 별을 이루는 원소들을 모두 알아냈어요. 이 원소

＊ 이 책에는 우주과학이라는 단어가 자주 나오는데, 천문학에 우주여행과 우주 탐사 분야를 비롯해 우주와 관련된 여러 분야까지 합친 것을 우주과학이라고 합니다.

들은 폭발한 별에서 우주 공간으로 흩어졌다가 오랜 여행을 거쳐 지구까지 왔어요. 별을 이루고 있던 이 물질들이 모여서 분자들이 되었고, 이 분자들이 모여 인간을 포함해 지구의 모든 생물을 만들었지요. 닐은 "우리는 모두 연결돼 있어요. 생물학적으로는 서로에게, 화학적으로는 지구와, 원자 차원에서는 나머지 우주와 연결돼 있어요."라고 말합니다.* 우리는 우리 자신에 대해, 그리고 우리가 어디서 왔는지에 대해 더 많은 것을 알기 위해 별을 관측하고 연구합니다.

닐은 지금 별을 바라보며 연구하는 천체물리학자로 일하고 있어요.* 1995년부터 닐은 자신의 꿈이 시작된 장소인 헤이든 플라네타륨에서 프레더릭 P. 로즈 관장으로 일하고 있어요. 헤이든 플라네타륨은 미국자연사박물관의 일부예요.* 닐은 플라네타륨을 관리하는 일 외에도 전시와 대중 교육 프로그램, 온라인 교육 자료 등을 책임지고 있어요. 그러면 닐이 자신의 꿈을 어떻게 이루었는지, 그리고 우주에 관한 놀라운 사실들을 어떻게 배웠는지 알아볼까요?

---

* 이 말을 닐의 목소리로 직접 듣고 싶으면, http://www.youtube.com/watch?v=CtWB90bVUO8을 방문해 들어 보세요.
* 닐이 어떻게 유명한 과학자가 되었는지 더 자세한 것을 알고 싶으면, 닐이 쓴 자서전 『하늘은 끝이 아니다 The Sky Is Not the Limit』(Amhertst, NY: Prometheus Books, 2004)를 보세요.
* 뉴욕 시의 미국 자연사박물관에 있는 헤이든 플라네타륨에 대해 더 자세한 것을 알고 싶으면, 그 웹사이트인 http://www.haydenplanetarium.org를 방문해 보세요.

제2장

우주과학자의
어린 시절

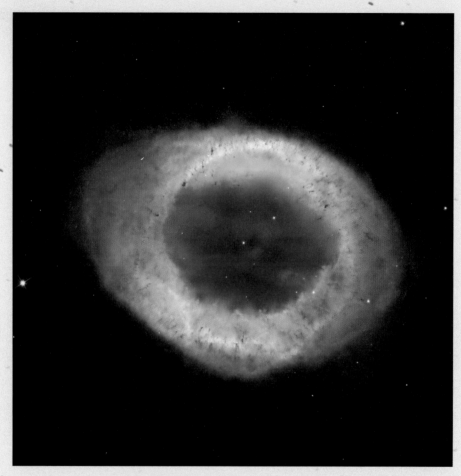

고리성운. M57 또는 NGC 6720이라고도 부르는 행성상 성운

어린 시절

닐은 자신의 나이가 NASA(미국항공우주국)와 같다고 즐겨 말합니다. 닐은 1958년 10월 5일에 뉴욕 시의 중산층 가정에서 태어났는데, 닐이 태어나기 불과 며칠 전에 NASA가 설립되었거든요.* 닐은 뉴욕 시 브롱크스 지구에 있는 아파트에서 자랐어요. 가족은 부모님 외에 형과 여동생이 있었어요.

어린 시절은 행복했는데, 부모님이 닐의 성장에 필요한 도움을 아끼지 않았기 때문이에요. 할머니 알티마 더그래스 타이슨(Altima deGrasse Tyson)도 한동안 함께 살았어요. 할머니의 결혼하기 전 성*인 더그래스는 닐과 아버지의 가운데 이름이 되었어요. 닐은 이 가운데 이름을 자랑스럽게 여기는데, 자신에게 대학에 진학해 공부를 열심히 하라고 격려해 준 사람이 바로 할머니였기 때문이에요.

할머니의 격려에도 불구하고, 닐은 초등학교나 고등학교 시절에는 성적이 그리 뛰어난 학생은 아니었다고 말합니다. 헤이든 플라네타륨에서 즐겨 들었던 강좌처럼 학교 밖에서 더 많은 것을 배웠다고 해요. 그래도 닐은 자신을 머리 좋은 괴짜 아이였다고 말하는데,

---

* NASA의 역사를 자세히 알고 싶다면, 그 웹사이트인 http://history.nasa.gov.를 방문해 알아보세요.
* 미국에서는 여성이 결혼하면 성을 남편의 성으로 바꾸어요.

네 살 때의 닐

수학을 아주 잘했고, 과학 경시대회에서 상을 받았으며, 물리학 클럽에 가입했기 때문이지요.

닐은 학창 시절 중에서 7학년 때가 가장 좋았다고 해요. 그때 아버지가 일하는 장소가 바뀌는 바람에 온 가족이 매사추세츠주의 렉싱턴으로 이사를 했어요. 아버지 시릴 더그래스 타이슨(Cyril deGrasse Tyson)은 오랫동안 뉴욕 시장 밑에서 일했는데, 닐이 열한 살 때 잠깐 그 일을 쉬면서 1년 동안 하버드 대학교에서 일하게 되었어요. 그해에 닐은 전 과목에서 A를 받아 학창 시절을 통틀어 최고 점수를 얻었어요. 열두 번째 생일날, 부모님은 닐에게 천체 망

원경을 선물했어요. 닐은
옥상에서 쌍안경으로 별
과 행성을 보는 것보다
뒤뜰에서 망원경으로 보
는 게 더 좋았어요. 닐이
8학년으로 올라갈 무렵,
아버지는 하버드 대학교
의 근무 기간이 끝나 닐
가족은 다시 브롱크스의
아파트로 돌아갔어요. 닐
은 새 망원경을 옥상에
설치했어요.

닐의 고등학교 졸업 앨범 사진

닐은 나머지 중학교와
고등학교 시절을 보내는
동안 헤이든 플라네타륨을 열심히 다니며 강좌를 다시 들었어요.
고등학교 시절에는 고등 수학과 물리학 수업도 들었어요. 고등학교
를 다닐 때 마지막 2년 동안은 레슬링도 열심히 했는데, 마지막 학
년 때에는 레슬링 팀 주장까지 맡았어요. 닐은 1976년에 브롱크스
과학고등학교를 졸업했어요.

레슬링

레슬링은 일종의 무술로, 세상에서 아주 오래된 스포츠 중 하나예요. 레슬링은 수천 년 전에 싸움 기술의 한 형태로 시작되었다가 얼마 후 고대 그리스, 이집트, 중국, 일본 등지에서 운동 경기로 자리잡았어요. 레슬링은 지금도 고등학교, 대학교, 올림픽 등에서 승부를 겨루는 스포츠로 그 맥을 계속 이어 가고 있어요.

레슬링은 두 선수가 벌이는 시합이에요. 몸무게에 따라 체급이 따로 정해져 있고, 또 나이에 따라 참가할 수 있는 대회도 따로 정해져 있어요. 두 선수는 두꺼운 고무 매트가 깔린 경기장에서 지름 7미터의 원 안에서 시합을 벌입니다. 각 선수는 상대방의 양 어깨를 동시에 매트에 닿게 하려고 노력하는데, 아마추어 레슬링에서는 1초, 프로 레슬링에서는 3초 동안 그런 상태를 유지하면 이겨요. 레슬링 선수는 암 드래그(arm drag)*와 베어 허그(bear hug)*, 헤드록(headlock)*을 비롯해 수백 가지 동작과 잡기 기술을 익혀야 해요.

레슬링의 종류는 크게 그레코로만형과 자유형으로 나누어져요. 닐이 주로 한 대학 레슬링(collegiate wrestling)*은 포크스타일이라고도 불렀는데, 이것은 자유형과 비슷하지만, 상대 선수의 몸을 들어올리거나 매트에 던지는 동작이 더 적어요. 어쨌든 레슬링을 하려면, 힘과 기술과 전략이 필요해

*암 드래그 팔을 잡아 상대를 던지는 기술.
*베어 허그 상대의 허리를 강하게 조이는 기술.
*헤드록 상대의 머리를 옆구리에 끼고 죄는 기술.
*대학 레슬링 미국 대학들에서 주로 하는 레슬링이어서 이런 이름이 붙었지만, 고등학교나 중학교에서도 해요.

요. 모든 종류의 레슬링은 심판의 역할이 중요한데, 심판은 선수들의 안전에 신경 쓰면서 시합의 진행을 이끌고, 각 선수가 얻는 점수를 판정하여 승자를 가려요.

오늘날 미국에서 큰 인기를 끄는 프로 레슬링은 원래 카니발의 공연으로 시작했어요. 프로 레슬링은 격렬한 격투 장면 때문에 온 힘을 다해 겨루는 것처럼 보이지만, 실제로는 사전에 짠 각본에 따라 경기를 하기 때문에 쇼에 가까워요.

고대 그리스의 철학자 플라톤(Platon)도 레슬링을 했는데, 실력이 뛰어나 올림픽 경기에 출전하기까지 했어요. 플라톤은, 사람은 몸과 마음을 모두 단련하여 균형을 맞추어야 한다고 생각했어요. 닐의 철학도 이와 비슷해요. 그는 운동선수로 활동하는 걸 즐기면서 신체를 강하게 단련하는 동시에 공부를 통해 마음을 단련했어요. 닐은 레슬링에서 큰 힘이 필요한 동작들을 연습할 때 물리학 지식에서 약간 도움을 받기도 했어요.

1960년대의 미국 사회

닐은 미국에서 텔레비전을 보면서 자란 첫 세대예요. 케이블 방송이나 위성 방송이 생기기 전인 1960년대에 텔레비전의 채널은 몇 개밖에 없었고, 대부분의 프로그램은 흑백으로 방영되었어요. 그 당시 컴퓨터는 방 하나를 가득 채울 만큼 컸고, 가격도 수만 달러 이상이어서 집에 컴퓨터가 있는 사람은 아무도 없었어요. 하지만 아이들은 텔레비전이나 컴퓨터 따위에는 신경 쓰지 않았고, 매일 밖에서 친구들과 함께 놀면서 시간을 보냈어요. 야구장은 정식 경기보다는 즉석에서 팀을 꾸려 시합을 하는 아이들로 가득 넘쳐났지요. 또, 그 당시에 결혼한 여성은 닐의 어머니 선치타(Sunchita)처럼 대부분 집에서 아이를 키우면서 살림을 했고, 이웃집 아이들도 서로 돌봐 주었어요.

1960년대의 사회가 오늘날의 사회와 다른 점들 중에는 바람직하지 않은 것도 많았어요. 그때에는 남자아이가 여자아이보다 교육이나 스포츠, 장래 진로 등에서 더 나은 대우를 받았어요. 남자아이들은 소방관, 경찰관, 야구 선수가 되길 원한 반면, 여자아이들은 주위에서 간호사나 교사, 비서가 되라는 권유를 받았지요. 오늘날에는 남녀 모두 교육이나 직업에서 거의 동등한 기회를 누리고 있어요. 여성도 소방관이나 경찰관이 될 수 있고, 남성도 비서나 간호사가 될 수 있어요. 학교 스포츠도 지금은 남녀 모두에게 거의 동등한 기회가 주어지지만, 프로 스포츠는 아직도 여성의 참여를 제한하는 종목이 많아요.

그래도 그동안 교육 부문에서는 남녀 차별이 크게 개선되었어요. 과거에는 여성이 수학과 과학을 못하는 것을 당연하게 여겼지요. 다행히도 지금은 그런 선입견이 많이 사라졌고, 성별과 인종에 상관없이 누구든지 천문학을 공부하고 천체물리학자가 될 수 있어요.

인종 차별

1960년대에 미국은 사회적, 교육적, 경제적 기회에서 흑인과 백인을 차별한 인종 차별 정책 때문에 큰 혼란을 겪었어요. 흑인은 백인과 다른 지역에서 살고, 백인과 다른 학교를 다니고, 백인과 다른 일자리를 가져야 했어요. 지금은 흑인이 백인과 다른 공중화장실을 사용하거나, 백인과 같은 식당에서 밥을 먹지 못한다는 것은 상상조차 하기 어려워요.

인종 차별은 미국 남부에서 더 문제였는데, 남부에서는 심지어 흑인에게 투표권마저 주지 않았어요. 마틴 루서 킹 주니어(Martin Luther King Jr, 1929~1968)는 애국심이 강한 목사였는데, 민주주의 국가에서는 모든 인종이 평등하며, 모든 사람에게 투표할 권리가 있다고 믿었어요. 그래서 킹 목사는 비폭력 공민권 운동*을 앞장서서 이끌었어요. 닐의 아버지 시릴도 공민권 운동에 적극적으로 참여했어요.

하지만 자신들에게도 투표를 할 권리와 좋은 교육을 받을 권리를 주고, 자신들을 2류 시민으로 취급하는 인종 차별을 폐지하라고 주장하다가 얻어맞거나 심지어 살해당하기까지 한 흑인들도 있었어요. 일부 편협한 백인들은 이런 주장에 반대했어요. 하지만 1964년에 린든 존슨(Lyndon Johnson) 대통령이 공민권법에 서명함으

---

* 백인과 동등한 권리를 요구한 미국의 흑인 운동.

로써 인종 차별은 불법이 되었어요. 하지만 킹 목사는 닐이 열 살이 되기 전인 1968년에 살해되었어요. 미국인은 매년 1월 세 번째 월요일을 마틴 루서 킹 기념일로 정해 킹 목사의 업적을 기리고 있어요.

닐은 다행히도 북부에서 자라 노골적인 인종 차별을 경험하진 않았어요. 그래도 사회 전체에 만연했던 인종적 편견까지 피하지는 못했어요. 특히 흑인은 일반적으로 백인보다 머리가 나쁘다는 편견 때문에 오랫동안 많은 고통을 받았어요. 미국에서 일반적으로 흑인의 교육 수준이 낮은 이유는 문화적 자극과 교육을 받을 기회가 적었기 때문이에요. 지능은 피부색과는 아무 상관이 없어요.

닐은 부모님 덕분에 좋은 교육 환경에서 자랄 수 있었어요. 닐은 자라면서 자신이 과학자가 될 만큼 충분히 똑똑하다는 것을 사람들에게 증명해야겠다고 생각했어요. 오늘날 닐은 사람들이 자신을 있는 그대로, 즉 어엿한 과학자(단지 피부색만 다를 뿐)로 받아들여 주는 것에 고마움을 느껴요. 이제 단지 흑인이라는 이유로 다른 과학자들이나 백인들, 그리고 온 세상 사람들에게 자신이 그런 대우를 받을 자격이 있음을 따로 증명해야 할 필요가 없게 되었거든요.

닐은 인종 평등을 위해 노력하는 대신에 과학자가 되기로 한 자신의 결정이 과연 옳은 것인지 한동안 고민했어요. 나중에 박사 학위를 받고 나서 닐은 텔레비전에 출연해 태양에 관한 질문에 대답해 달라는 부탁을 받았어요. 그리고 나서 텔레비전에 나온 자신을 보면서 전문가 자격으로 출연해 당당하게 자신의 견해를 이야기하는 흑인 과학자의 모습을 보았어요. 닐이 자라던 시절만 해도 일부 운동선수와 배우 말고는 흑인이 텔레비전에 출연하는 일은 거의 없었어요. 그런데 자신이 과학 전문가로 텔레비전에 출연한 것을 보고서 닐은 자신의 선택이 옳았고, 두 가지 목적을 다 이루었다는 사실을 깨달았어요.

닐이 왜 우주 비행사가 되려고 하지 않았는지 궁금해하는 사람들이 가끔 있어요. 1960년대에는 백인만, 그것도 남성만 우주 비행사가 될 수 있었어요. 여성이나 흑인 우주 비행사는 단 한 명도 없었어요. 그래서 닐은 우주 비행사가 되려는 꿈조차 꾸어 본 적이 없어요. 1961년에 14세의 소녀가 우주 비행사가 되려면 어떻게 해야 하느냐고 NASA에 편지를 보낸 적이 있었어요. 그러자 NASA는 여성은 우주 비행사가 될 수 없다는 답변을 보냈지요. 그 소녀가 바로 나중에 미국의 대통령 부인과 국무장관을 지낸 힐러리 클린턴(Hillary Clinton)이에요. 힐러리는 뉴욕 주 상원의원도 지냈고, 대통령 후보로 나서기까지 했어요. NASA는 1967년에 가서야 흑인 우주 비행사를 처음으로 받아들였고, 여성 우주 비행사는 1978년에 가서야 받아들였어요.*

* NASA가 받아들인 최초의 흑인 우주 비행사는 1942년에 태어난 기온 블루퍼드 주니어(Guion Bluford Jr.)예요. 그리고 우주여행에 최초로 나선 미국인 여성은 샐리 라이드(Sally Ride, 1951~2012)예요. 샐리의 전기는 린 셔(Lynn Sherr)가 쓴 『샐리 라이드 *Sally Ride*』(New York: Simon & Schuster, 2014)를 읽어 보세요. 러시아에서는 유명한 여성 우주 비행사 두 사람이 나왔어요. 발렌티나 테레시코바(Valenentina Tereshkova)는 1963년에 세계 최초로 우주여행에 나선 여성 우주 비행사가 되었고, 스베틀라나 사비츠카야(Svetlana Savitskaya)는 1984년에 최초로 우주 유영을 한 여성 우주 비행사가 되었어요.

멘토

닐은 다른 사람을 자신이 닮고 싶은 롤모델로 삼는 것은 좋은 생각이 아니라고 여겼어요. 대신에 사람은 누구나 독특한 존재이므로, 각자 자신의 재능을 개발하도록 노력해야 한다고 믿었습니다. 그래도 예외적이거나 중요한 업적을 남긴 사람들은 닐에게 큰 영감을 주었어요. 닐은 자신에게 그런 가르침을 준 사람들을 '롤모델'이라고 부르는 대신에 '멘토(mentor)'라고 불러요.

부모님

닐은 자신의 야심과 성공을 위해 큰 자극을 준 사람으로 누구보다도 부모님을 꼽아요. 부모님은 천문학이나 과학에 대해서는 아는 게 많지 않았지만, 흥미를 느끼는 것을 계속 깊이 파고들고, 열심히 공부하고, 꿈을 이루기 위해 노력하라고 늘 닐을 격려했어요. 아버지 시릴 더그래스 타이슨은 다양한 사회 현상과 사회에서 살아가는 사람들을 연구하는 사회학자였어요. 어머니 선치타 펠리시아노 타이슨(Sunchita Feliciano Tyson)은 가정을 돌보면서 세 아이를 키웠어요. 아이들이 모두 자란 뒤에 어머니는 대학으로 돌아가 노인학 석사 과정을 밟았어요.

　부모님은 아이들에게 배우는 것을 좋아하고 문화 활동을 즐기게 했어요. 그래서 닐을 헤이든 플라네타륨에도 데려갔지요. 부모님은 주말마다 아이들을 여러 박물관을 비롯해 다양한 문화 활동을 즐

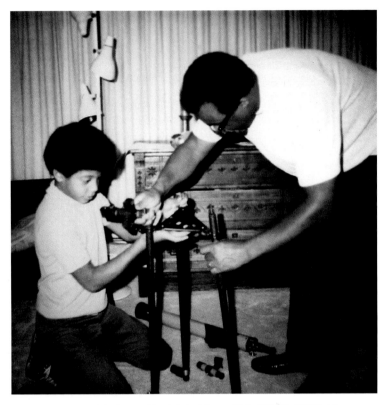

열두 번째 생일 때 부모님은 닐에게 처음으로 천체 망원경을 선물했어요.
사진은 망원경을 조립하는 닐을 아버지 시릴이 돕고 있는 장면이에요.

길 수 있는 장소로 데려갔어요. 동물원이나 스포츠 경기장으로 간
적도 있고, 오페라나 브로드웨이의 쇼를 보러 간 적도 있어요. 하지
만 닐의 마음을 사로잡은 곳은 바로 헤이든 플라네타륨이었어요.
닐의 장래는 바로 그곳에서 결정되었어요.

아이작 뉴턴

아이작 뉴턴

닐은 역사상 가장 똑똑한 사람이 아이작 뉴턴(Isaac Newton, 1642~1727)이라고 생각해요. 비록 닐은 뉴턴의 지성을 존경하긴 하지만, 그를 자신의 롤모델이라고는 말하지 않아요. 뉴턴은 성격이 까다롭고 가까이 하기 힘든 사람으로 알려졌거든요. 닐은 뉴턴이 쓴 것은 모조리 다 읽었고, 뉴턴에게서 배우는 것을 즐거워했어요.

하지만 뉴턴 같은 사람이 되고 싶진 않았어요.

뉴턴에 관해서는 유명한 전설이 전해 내려오지요. 바로 사과나무 아래에 앉아 있다가 떨어진 사과에 머리를 맞았다는 이야기 말이에요. 실제로 사과는 뉴턴의 머리 위에 떨어지지 않았지만, 뉴턴은 사과가 떨어지는 것을 보고서 사과를 땅으로 떨어지게 하는 중력이 달을 지구 주위를 돌게 하는 힘과 같은 것이라는 사실을 깨달았지요. 뉴턴이 역사상 가장 위대한 과학자로 꼽히는 이유는 중력을 설명했을 뿐만 아니라, 빛을 이루는 구성 성분을 밝혀냈고, 미적분이라는 수학 분야를 창시했으며, 운동의 법칙까지 발견했기 때문이에요. 뉴턴의 업적은 3장에서 좀 더 자세히 알아보기로 해요.

그 밖의 과학자들

닐은 어떤 한 사람을 자신의 롤모델로 삼아 그와 비슷한 길을 걸어가려고 하진 않았어요. 대신에 마음에 드는 여러 사람의 장점을 각각 취해 자신이 나아갈 길을 인도하는 지침으로 삼으려고 했지요. 닐이 존경할 만한 장점을 가진 과학자라고 생각한 사람 중에는 프레드 헤스(Fred Hess), 마크 차트런드 3세(Mark Chartrand III), 칼 세이건(Carl Sagan, 1934~1996)이 있었어요.

헤스 박사는 닐이 헤이든 플라네타륨에서 들었던 일부 강좌를 맡아 진행했어요. 헤스 박사는 목소리와 수업 방식이 아주 인상적이었는데, 그것은 닐이 오늘날 강연을 하는 방식에 큰 영향을 미쳤

칼 세이건

어요. 마찬가지로 헤이든 플라네타륨에서 강좌를 담당했던 차트런드 박사는 유머를 섞어 수업을 했어요. 닐은 우주에 관해 배우는 것은 재미있는 일이라고 생각하기 때문에, 자신의 연구와 강연에도 유머를 자주 집어넣어요.

칼 세이건은 1980년에 PBS* 텔레비전에서 시리즈로 방송한 〈코스모스〉를 통해 대중 사이에 우주에 대한 관심을 널리 확산시킨 것으로 유명해요.* 세이건은 뛰어난 천문학자이자 천체물리학자이며, 유명한 저자이기도 해요. 닐은 고등학교를 다닐 때 코넬 대학교에서 세이건 박사를 만나는 행운을 누렸어요. 닐은 대학에 응시하기 위

*PBS 미국의 공영 방송.
*1980년에 PBS에서 내보낸 칼 세이건의 〈코스모스〉는 지금도 책이나 비디오로 볼 수 있어요.

해 여러 대학을 둘러보며 다니다가 코넬 대학교에 들렀을 때 세이건 박사를 만났지요. 세이건은 친절하고 자상한 모습을 보여 주었어요. 닐은 오늘날 세이건이 자신을 대한 태도를 모델로 삼아 학생들을 대하려고 노력해요.

세이건과 마찬가지로 닐도 우주에 관한 책을 일반 대중이 쉽게 읽을 수 있도록 쓰길 좋아해요. 얼마 전에 닐은 새로운 텔레비전 시청자 세대를 위해 최신 정보를 더 추가해 〈코스모스〉의 후속작을 방송하는 프로그램에 진행자로 출연했어요. 닐은 대중 과학 교육을 이끈 세이건 박사에게 찬사를 보냅니다. 과학계에서는 세이건이 비전문가들을 위해 우주를 너무 단순화시켜 설명한다는 불평이 일부 있었어요. 많은 동료들은 세이건이 우주과학을 대중화하는 바람에 자신들의 연구가 덜 중요한 것으로 보이게 되었다고 불평했지요. 닐은 세이건이 미리 그런 비판을 받았기 때문에, 자신은 이제 그런 비판을 받지 않게 되어 다행이라고 생각해요.

대학교

닐은 일찍부터 대학교에 진학하기로 마음먹었는데, 가족이 그러길 원했기 때문이었어요. 그래서 하버드와 MIT, 코넬을 비롯해 여러 대학교에 지원했어요. 비록 코넬 대학교에서 세이건 박사를 만나긴 했지만, 닐은 하버드 대학교에 가기로 결정했고, 1980년에 물리학 학사 학위를 받았어요.

닐에게 대학교는 단지 과학과 수학을 배우는 곳만은 아니었어요. 미술, 문학, 음악을 비롯해 여러 가지 인문학 과목들도 재미있게 배웠어요. 레슬링도 계속하면서 하버드 대학교 대표 팀에서 활약했어요. 댄스도 열심히 했는데, 심지어 댄스 회사 두 곳과 함께 공연도 했고, 라틴 볼룸 댄스 대회에 나가 상도 받았어요. 자원봉사로 교도소 재소자들을 위해 수학을 가르치는 일도 했는데, 닐은 이 일을 새로우면서도 보람 있는 경험이었다고 말해요.

하버드 대학교를 졸업한 뒤에는 오스틴에 있는 텍사스 대학교에서 대학원 과정을 밟아 1983년에 천문학 석사 학위를 받았어요. 대학원에 다닐 때 용돈을 벌기 위해 대학생에게 수학을 가르치는 개인 교습을 했는데, 그것은 재소자들을 가르치는 것과는 사뭇 다른 경험이었어요. 한편 닐은 대학원에서 물리학 강의를 함께 듣던 앨리스 영(Alice Young)을 만나 나중에 결혼했어요.

닐은 텍사스 대학교에서 박사 과정을 시작했지만, 나중에 뉴욕 시에 있는 컬럼비아 대학교로 옮겨 1991년에 천체물리학 박사 학위를 받았어요.

닐은 아직도 언젠가 달을 지나 그 너머의 우주를 여행하고 싶어 해요. 달은 지금까지 인류가 지구를 벗어나 가장 멀리까지 간 곳이지요. 하지만 이 책은 우주 비행사와 우주여행에 관한 책이 아니라, 어떻게 하면 우주과학자가 되어 별들을 연구할 수 있는지를 다루는 책이에요.

제3장

하늘의 아름다운 것을 모두 보다

2014년에 촬영한 허블 울트라 딥 필드(Hubble Ultra Deep Field).
자외선에서부터 근적외선에 이르는 빛을 포착해 촬영한
이 사진에는 은하가 1만 개 이상이 있어요.

약 20만 년 전에 우리의 조상들이 동굴 밖에서 잠을 자다가 반짝이는 밤하늘의 별들을 보고 호기심을 느낀 순간부터 사람들은 늘 마음속으로는 천문학자였어요. 천문학은 우주와 그 안에 있는 모든 것을 연구하는 과학 분야예요. 우주과학자들은 행성과 위성, 별, 은하, 그리고 그 사이의 우주 공간을 연구합니다.

망원경이 발명되기 이전

고대

하늘의 모든 것을 설명하기 위해 우주의 물리학을 이해하려고 시도한 최초의 사람들은 약 2500년 전에 살았던 고대 그리스인이었어요. 이들 고대 그리스인은 고대 바빌로니아와 이집트 문명에서 전해 내려오던 이야기에도 영향을 받았어요. 그리스의 유명한 철학자였던 아리스토텔레스(Aristoteles, 기원전 384~기원전 322)는 최초로 우주를 과학적으로 연구하고, 직접 관찰한 것을 바탕으로 과학 법칙을 만들었어요.

아리스토텔레스는 지상의 모든 것은 단 네 가지 원소(흙, 공기, 불, 물)로 이루어져 있다고 믿었어요. 하지만 하늘에 떠 있는 물체, 즉

'천체'는 지상의 물체와 다르다고 믿었어요. 그는 천체가 완전하고 빛이 나며 절대로 변하지 않는 천상의 물질로 이루어져 있다고 주장했습니다. 그리고 그 천상의 물질을 제5의 원소인 아이테르(흔히 에테르라고도 함)라고 불렀어요. 또, 지구는 둥글고 움직이지 않는다고 주장했어요. 반면에 태양을 비롯해 행성들과 별들은 지구 주위에서 원 궤도를 그리며 돈다고 말했지요. 그 후 약 1500년이 지날 때까지 아리스토텔레스의 이 주장에 의문을 품은 과학자는 거의 없었어요.

오늘날 우리가 알고 있는 별과 별자리 이름은 고대 그리스인이 지은 이름에서 유래한 것이 많아요. 시리우스와 오리온자리 같은 것이 그런 예예요. 또, 행성을 뜻하는 영어 단어 플래닛(planet)도 '방랑자'라는 뜻의 그리스어에서 유래했어요. 고대 그리스인은 별들은 하늘에서 서로 간의 간격을 똑같이 유지하면서 고정돼 있는 반면, 행성들은 그 사이에서 제멋대로 돌아다닌다는 사실을 발견하고서 행성에 그런 뜻의 이름을 붙였지요.

아리스토텔레스가 살던 시대에서 약 500년이 지났을 때, 이집트에 살던 프톨레마이오스(Ptolemaeos, 100?~170?)라는 고대 그리스 천문학자가 수학 용어와 원을 사용해 태양계 천체들의 궤도를 설명하려고 했어요. 그러면서 그는 지구를 우주의 중심에 놓았지요. 프톨레마이오스가 만든 이 우주 체계를 천동설 또는 지구 중심설이라고 불러요. 프톨레마이오스는 또 별들의 수를 모두 세려고 시도

한 끝에 1000개가 넘는 별들의 지도를 만들었고, 많은 별자리에 이름을 붙였어요.

르네상스 시대의 과학

그 이후로 르네상스(14~17세기에 일어난 문화 혁신 운동) 시대까지 유럽에서는 천체를 과학적으로 연구하는 일은 거의 일어나지 않았어요. 그러다가 유럽에서 아리스토텔레스의 우주 체계에 처음으로 의문을 품은 과학자가 나왔는데, 폴란드의 천문학자 니콜라우스 코페르니쿠스(Nicolaus Copernicus, 1473~1543)가 바로 그 사람이에요. 코페르니쿠스는 모든 사람들이 믿던 것과는 달리 태양계의 중심이 지구가 아니라 태양이라고 생각했어요. 그러자 하늘에서 행성들이 왜 그렇게 불규칙하게 움직이는지 분명하게 설명할 수 있었어요. 코페르니쿠스의 생각은 옳은 것이었어요. 하지만 그는 태양이 단지 태양계의 중심일 뿐만 아니라, 우주의 중심이라고 잘못 생각했어요. 왜 그렇게 생각했는지는 4장에서 자세히 살펴보기로 해요.

코페르니쿠스가 생각한 이 우주 체계를 지동설 또는 태양 중심설이라고 불러요. 하지만 같은 시대에 살던 사람들은 코페르니쿠스의 생각이 틀렸다고 생각했어요. 지구가 정지해 있고, 태양이 동쪽에서 떠서 하늘을 가로질러 서쪽으로 지는 것은 누가 봐도 당연한 사실로 보였기 때문이지요. 코페르니쿠스는 자신의 주장이 옳다는 것을 뒷받침할 증거가 없었어요. 무엇보다도 로마 가톨릭교회가 코페르니쿠스의 생각이 틀렸다고 반박했지요. 가톨릭교회는 지구가 우주의 중심이라고 주장한 아리스토텔레스의 '자연적이고 신성한 질서'가 옳다고 믿었어요.

코페르니쿠스가 죽고 나서 티코 브라헤(Tycho Brahe, 1546~1601)라는 덴마크 천문학자가 별들의 거리를 재려고 시도했어요.[*] 하늘에서 움직이는 행성들과 별들의 위치를 정확하게 측정하려고 특별한 측정 도구도 만들었지요. 브라헤는 그런 관측을 통해 별들의 거리를 측정했지만, 그가 얻은 값은 실제 거리와는 차이가 많았어요. 그 후 수백 년이 지날 때까지도 천문학자들은 별들의 거리를 제대로 알아내지 못했어요. 하지만 브라헤는 정밀한 관측을 통해 하늘에서 별들이 움직이고 변한다는 사실을 알아냄으로써 아리스토텔레스가 주장한 법칙 중 하나[*]가 틀렸음을 증명했어요. 브라헤가 얻은 관측 자료는 후대의 과학자들에게 소중한 자료가 되었어요.

> 시간이 지나면 비슷한 도구의 도움을 받아
> 나 또는 다른 사람들이 더 놀라운 것들을 발견할지 모른다.
>
> 갈릴레오 갈릴레이, 『별의 메신저 Sidereus Nuncius』, 1610년

[*] 브라헤는 맨눈으로 천체를 관측했는데도, 놀랍도록 정확한 관측 자료를 남겼어요.
[*] 천체는 완전한 존재라는 법칙.

망원경 혁명

17세기 초에 이탈리아의 위대한 과학자 갈릴레오 갈릴레이(Galileo Galilei, 1564~1642)는 멀리 있는 물체를 가까이 있는 것처럼 보이게 해 준다는 소형 망원경에 대한 소문을 들었어요. 그래서 소형 망원경을 하나 구해 연구한 뒤, 상이 더 크고 선명하게 보이는 망원경을 직접 만들었어요. 그리고 그것을 하늘로 돌려 달과 행성들을 보았는데, 이렇게 해서 최초의 천체 망원경이 탄생했어요.

갈릴레이는 자신이 만든 망원경으로 목성 주위에서 네 위성*을 발견했는데, 이 네 위성을 지금은 갈릴레이 위성이라고 불러요. 갈릴레이는 망원경으로 지구의 위성인 달도 관측했는데, 달 표면에서 산과 크레이터를 발견하고서 흥분을 감추지 못했지요. 이로써 천체가 반반하고 완전하다는 아리스토텔레스의 주장이 틀렸음이 증명되었어요. 그렇다면 태양과 행성들이 지구 주위를 돈다는 주장 역시 틀릴 가능성이 있었지요. 갈릴레이는 망원경으로 금성의 위상 변화*도 보았는데, 이것은 태양계의 중심이 지구가 아니라 태양이라고 한 코페르니쿠스의 주장이 옳음을 뒷받침하는 증거였어요.

갈릴레이는 폴란드에서 티코 브라헤의 조수로 일하던 요하네스 케플러(Johannes Kepler, 1571~1630)에게 편지를 보냈어요. 브라헤가 죽고 나서 케플러는 브라헤가 쓰던 관측 장비와 평생 동안 모은

＊이오, 유로파, 가니메데, 칼리스토.
＊달처럼 시간이 지남에 따라 그 모양이 둥근 원에서 초승달처럼 점점 변하는 현상.

관측 자료를 모두 물려받았어요. 그리고 갈릴레이 덕분에 이제 관측 장비에 망원경까지 추가할 수 있었지요. 케플러는 브라헤가 관측한 행성들의 움직임을 정밀하게 분석하여 그 궤도가 원이 아니라 타원임을 알아냈어요. 이 발견으로 태양과 행성들의 관계에 관한 코페르니쿠스의 이론이 옳다는 것이 확실히 입증되었어요. 행성의 궤도가 타원이라고 보면, 관측 자료와 이론이 완벽하게 일치했거든요.

행성의 궤도가 타원이라는 사실을 처음 알아낸 사람은 케플러였지만, 왜 궤도가 타원인지 그 이유를 밝힌 사람은 아이작 뉴턴이에요. 뉴턴은 1687년에 우주의 모든 물체는 서로 끌어당긴다고 설명했어요. 이렇게 물체들 사이에 작용하는 중력의 세기는 물체들의 크기와 그 사이의 거리에 따라 달라져요. 뉴턴은 이 발견을 바탕으로 수학적으로 행성 운동의 법칙을 이끌어 냈어요. 뉴턴의 법칙은 그때까지 천문학자들이 관측한 천체들의 역학을 정확하게 설명했어요.

20세기에 일어난 발견

20세기에 들어오면서 우주에 대한 지식이 폭발했어요. 20세기 초에 독일 출신의 물리학자 알베르트 아인슈타인(Albert Einstein, 1879~1955)이 우주의 역학을 뉴턴의 법칙들보다 더 정교하고 정확하게 설명하는 이론을 발견했어요. 아인슈타인은 천문학자는 아니었지만, 그가 발견한 일반 상대성 이론은 우주에서 물체들이 왜 그렇게 움직이는지를 뉴턴의 법칙들보다 훨씬 잘 설명할 수 있었어요. 이 이론은 중력 에너지와 물체들의 질량 때문에 시간과 공간이 구부러진다고 말해요. 물체의 질량이 더 무거울수록 그 주변의 시간과 공간이 더 많이 구부러져요. 그래서 지구보다 훨씬 무거운 태양 주변에서는 지구 주변보다 시간과 공간이 더 많이 구부러져요. 태양 주위를 지나가는 행성이 그렇게 곡선을 그리며 도는 이유는 태양 주변의 시공간*이 구부러져 있기 때문이에요. 우주 공간에서 나아가는 빛의 움직임이나 우주 전체의 역학도 구부러진 시공간에 영향을 받아요.

미국의 천문학자 에드윈 허블(Edwin Hubble, 1889~1953)은 아인슈타인의 일반 상대성 이론이 옳음을 입증했어요. 일반 상대성 이론을 우주에 적용한 결과에 따르면, 우주는 팽창하든가 수축해야 했는데, 허블은 우리 우주가 팽창하고 있다는 사실을 최초로 발견했어요.*

허블이 이 사실을 발견하기 전까지만 해도 모든 과학자는 우리가 살고 있는 이 은하, 즉 우리은하가 우주에 유일하게 존재하는 은하라고 믿었어요. 그런데 허블은 안드로메다 성운이라고 부르던 천체

---

*시공간 시간과 공간을 합친 개념.
*허블이 우주가 팽창한다는 사실을 발견한 것은 아주 놀라운 일이었는데, 아인슈타인조차 처음에는 우주가 움직이지 않는다고 믿고서 자신의 일반 상대성 이론을 우주에 적용한 방정식을 그런 결과에 맞춰 고쳤기 때문입니다. 하지만 허블의 관측 결과가 나오자, 아인슈타인은 자신의 실수를 인정하고 방정식을 다시 고쳤습니다. Claire Datnow, *Edwin Hubble: Discoverer of Galaxies* (Springfield, NJ: Enslow, 2001), p. 84.

가 실제로는 우리은하 밖에 있는 별개의 은하임을 보여 주었지요.*
허블은 거기서 그치지 않고 은하를 수천 개 더 발견했어요. 또, 생
긴 모양에 따라 은하들을 분류하는 체계도 만들었어요. 그래서 지
금도 허블이 정한 방식에 따라 은하들을 나선 은하, 타원 은하, 막
대 은하, 규칙 은하, 불규칙 은하 등으로 분류해요. 은하에 관한 더
자세한 내용은 4장에 나올 거예요. 오늘날 우주 공간에 떠서 먼 우
주를 관측하는 우주 망원경에는 허블의 이름이 붙어 있어요.

　과거에 훌륭한 업적을 남긴 천문학자가 모두 남성이었던 것은 아
니에요. 허블이 우리은하가 우주에서 유일한 은하가 아님을 확인하
는 데 큰 도움을 준 여성 천문학자가 있어요. 미국의 헨리에타 스완
레빗(Henrietta Swan Leavitt, 1868~1921)은 특별한 종류의 별들이
지닌 성질을 이용하면, 우주에서 천체들 사이의 거리를 잴 수 있다
는 사실을 알아냈어요. 변광성* 중에서 케페우스형 변광성*이라 부
르는 별들은 일정한 주기로 밝아졌다가 어두워졌다 하길 반복해요.
레빗은 그 밝기를 연구함으로써 한 케페우스형 변광성에서 다른 케
페우스형 변광성까지의 거리를 계산하는 방법을 발견했지요. 레빗
의 연구는 허블이 우주에 은하가 아주 많이 있다는 사실을 입증하
는 데 중요한 도움을 주었어요.*

＊그래서 지금은 안드로메다 성운을 안드로메다은하라 불러요.
＊**변광성** 시간이 지남에 따라 밝기가 변하는 별.
＊**케페우스형 변광성** 세페이드 변광성이라고도 함.

> 내가 더 멀리 볼 수 있었던 이유는
>
> 내가 거인들의 어깨 위에 서 있었기 때문이다.[*]
>
> 아이작 뉴턴, 1676년

현재의 과학자들이 과거의 훌륭한 과학자들에게 고마워해야 한다는 뉴턴의 이 말에 닐도 동감해요. 닐은 자신이 많은 과학자 중 한 명에 불과하다는 사실을 잘 알기 때문에 늘 겸손한 태도를 잃지 않아요. 닐은 망원경으로 우주를 볼 때마다 갈릴레이와 그 뒤를 이어 같은 길을 걸어간 사람들에게 특별한 동질감을 느낍니다. 만약 자신이 인류의 지식에 새로 추가할 만한 것을 발견한다면, 그것은 이전의 선구자들이 세워 놓은 발판이 있었기 때문에 그럴 수 있었다는 사실을 잘 알아요.

몇 년 전에 라디오 방송에 출연했을 때, 닐은 만약 무인도에 홀로 남게 된다면 무엇을 가지고 가겠느냐는 질문을 받았어요. 닐은 좋아하는 와인 한 상자와 글을 쓸 때 필요한 양초와 음악 외에 책 두 권을 골랐습니다. 첫 번째 책은 150년에 프톨레마이오스가 쓴 『알마게스트』였고, 두 번째 책은 뉴턴이 1687년에 쓴 『프린키피아』였

---

[*] 그 밖의 놀라운 여성 천문학자들에 대해 더 자세한 것을 알고 싶으면, 메이벌 암스트롱(Mabel Armstrong)이 쓴 『별을 향해 다가간 여성 천문학자들 Women Astronomers: Reaching for the Stars』(Oregon: Stone Pine, 2008)을 보세요.

[*] 스티븐 호킹(Stephen Hawking)이 편집한 『거인들의 어깨 위에 서서 On the Shoulder of Giants』(Philadelphia: Running Press, 2002), p. ix에서 인용.

지요. 물론 망원경도 원했어요. 닐은 모든 사람에게 망원경을 하나씩 가지라고 권하는데, 그러면 우주와 연결된 느낌을 아주 강하게 경험할 수 있을 거라고 해요. 무인도에 조난당한 사람도 망원경과 이전의 천재들이 발견한 지식만 있으면, 매일 무척 바쁜 하루를 보낼 수 있어요.

우주과학자의 관측 도구-망원경과 광파

달과 별은 누구나 본 적이 있지요. 그런데 여러분은 달과 별을 정말로 아주 자세히 바라본 적이 있나요? 망원경이 있고 관측 조건이 좋다면, 여러분도 갈릴레이가 그랬던 것처럼 목성의 위성들을 볼 수 있어요. 도구는 우리의 감각을 확대시켜 세계를 더 잘 파악하게 하고, 그럼으로써 더 많은 것을 알게 해 주어요. 망원경은 맨눈으로 보는 것보다 우주를 더 멀리 바라보게 해 주어요.

망원경이 발명되기 이전, 사람들은 하늘에 새로 나타나는 천체들을 두려움과 공포의 눈으로 바라보았어요. 그래서 혜성이나 일식이 나타나면, 불길한 일이 일어날 조짐이라고 여겼어요. 하지만 망원경을 사용하면서 사람들은 우주의 천체들에 대해 더 많은 것을 알게 되었고, 자연은 어둠 속에 또 어떤 비밀을 감추고 있을까 호기심을 느끼게 되었지요. 우리는 하늘에서 무엇을 바라볼 때 대개는 알고 있던 것을 더 자세히 보겠다는 생각으로 바라보지만, 망원경은 우리가 그곳에 있는지 전혀 알지 못했던 것들까지 보여 주어요.

갈릴레이가 처음에 만든 망원경은 납으로 만든 경통에 렌즈 두 개를 끼운 것에 지나지 않았어요. 렌즈는 원반 모양의 유리를 볼록하게 또는 오목하게 갈아 만든 것으로, 물체에서 온 빛을 모아 초점을 맞추고 확대시켜요. 나중에 과학자들은 렌즈를 더 크게 만들고 배율도 더 높였지만, 뉴턴은 렌즈 대신에 거울을 사용해 더 많은 빛을 모음으로써 더 선명한 상을 얻는 망원경을 만들었어요. 렌즈를 사용해 빛을 모으는 망원경을 '굴절 망원경'이라 부르고, 거울을 사용해 빛을 모으는 망원경을 '반사 망원경'이라 불러요.[*] 많은 망원경은 렌즈와 거울을 조합해 사용해요.

배율을 높이기 위해 점점 큰 망원경이 만들어지자, 천문학자들은 아주 먼 우주까지 볼 수 있게 되었어요. 이제 과학자들은 별이 어떻게 진화했고, 은하들은 얼마나 먼 곳에 있으며, 태양계의 나이는 얼마나 되었는지를 포함해 우주의 많은 수수께끼에 대한 답을 알아냈어요.

빛

물리학자들은 빛이 광자로 이루어져 있으며, 광자는 입자인 동시에 파동이라는 사실을 알고 있어요. 광자는 빛 에너지를 이루는 기본 입자를 말하는데, 광자는 진공 속에서 초속 29만 9792km의 속도

[*] 렌즈를 통과하는 빛은 굴절하는 반면, 거울에 닿은 빛은 반사돼 나오기 때문에 이런 이름이 붙었어요.

로 달려요. 빛이 어떻게 입자인 동시에 파동인지 이야기하는 것도 아주 흥미진진하지만, 이 책의 범위를 벗어나는 내용이어서 더 자세한 설명은 생략해요.

어떤 파장 범위에 속하는 빛은 우리 눈에 보이는데, 이러한 빛을 가시광선이라고 불러요. 한편, 가시광선보다 파장이 더 길거나 더 짧은 빛은 우리 눈에 보이지 않지만, 이러한 빛들도 우주 공간을 날아다니고 있어요.

가시광선

가시광선은 우리 눈에 분명히 보여요. 우리가 어떤 도구의 도움을 받지 않고도 태양을 비롯해 모든 사물을 볼 수 있는 것은 바로 가시광선 덕분이에요.

빛은 속도가 아주 빠르지만, 태양 표면에서 출발한 광자가 지구에 도착하기까지는 8분 20초가 걸려요. 우주에서 아주 먼 거리를 나타낼 때에는 빛의 속도를 기본 단위로 사용해요.

태양과 지구 사이의 거리는 약 1억 5000만 km인데, 이 거리를 천문단위 또는 AU(astronimical unit)라고 불러요. 천문단위는 주로 태양계 내의 거리를 나타내는 데 쓰여요. 예를 들면, 목성은 태양에서 5AU(7억 8000만 km)의 거리에 있어요. 왜행성인 명왕성은 그보다 훨씬 먼 40AU(59억 1300만 km)의 거리에 있지요.

행성들의 거리보다 더 먼 거리를 측정할 때에도 빛을 사용해요.

태양계 가장자리만 해도 아주 멀지만, 별까지의 거리는 더욱 멀어요. 태양계 밖에 존재하는 천체들의 거리를 나타낼 때에는 광년이라는 단위를 사용해요. 1광년은 빛이 1년 동안 달리는 거리로, 약 10조 km에 해당해요. 지구에서 가장 가까운 별은 켄타우루스자리 프록시마*로, 약 4.2광년 거리에 있어요. 따라서 오늘 우리가 보는 이 별의 빛은 4년 전에 출발한 것이고, 그동안에 약 39조 km를 달려왔어요.

1672년에 뉴턴은 가시광선을 프리즘*에 통과시키면 각각의 색깔 성분으로 쪼개진다는 사실을 발견했어요. 이렇게 쪼개진 빛 성분들을 '스펙트럼(spectrum)'이라 불러요. 가시광선의 스펙트럼은 무지개 색*으로 이루어져 있어요. 이 스펙트럼은 파장이 긴 것부터 짧은 것의 순서로 늘어서 있는데, 빨간색 빛의 파장이 가장 길고, 보라색 빛의 파장이 가장 짧아요. 과학자들은 별빛도 햇빛과 같은 스펙트럼으로 쪼개진다는 사실을 알아냈어요.

천체물리학자들은 분광기라는 장비를 사용하는데, 이것은 망원경으로 들어온 별빛을 프리즘에 통과시켜 광파를 각 색깔 성분의 빛들로 쪼개는 장비예요. 별빛을 이루는 색깔 성분들의 차이를 분석하면, 그 별의 온도와 화학적 성분뿐만 아니라, 별이 어떻게 자전

---

*켄타우루스자리 프록시마 프록시마 켄타우리라고도 함.
*프리즘 유리로 만든 삼각형 모양의 광학 도구.
*무지개 색 빨간색, 주황색, 노란색, 초록색, 파란색, 남색, 보라색.

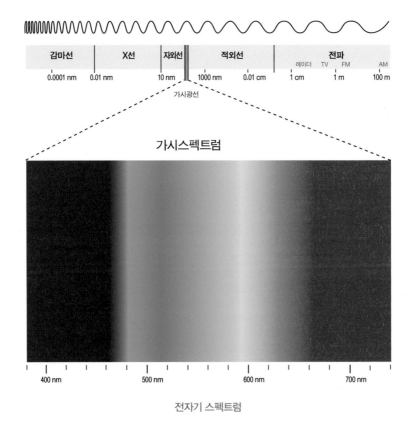

가시스펙트럼

감마선	X선	자외선	적외선	전파
				레이더 TV FM AM

0.0001 nm   0.01 nm   10 nm   1000 nm   0.01 cm   1 cm   1 m   100 m

가시광선

400 nm   500 nm   600 nm   700 nm

전자기 스펙트럼

하고 얼마나 빨리 움직이는지까지 알 수 있어요. 또, 별빛 분석을 통해 그 별이 우리에게서 멀어지는지 가까워지는지도 알 수 있어요. 우리를 향해 다가오는 물체의 빛은 정지하고 있을 때보다 파장이 더 짧아지기 때문에, 그 빛을 이루는 성분들이 스펙트럼에서 파란색 끝 쪽으로 약간 이동해요. 이 현상을 '청색 이동'이라고 불러요. 반대로 우리에게서 멀어지는 물체의 빛은 파장이 더 길어져 스펙트럼에서 빨간색 끝 쪽으로 약간 이동하는데, 이 현상을 '적색 이동'이라고 불러요.

가시스펙트럼 바깥쪽에 있는 여러 가지 광파

갈릴레이와 뉴턴은 우리 눈에 보이는 빛만 모을 수 있는 망원경을 사용했어요. 그런데 그 후에 천체물리학자들은 가시광선 외에 우리 눈에 보이지 않는 빛도 있다는 사실을 알아냈어요. 보이지 않는 빛은 가시 스펙트럼 바깥쪽에 위치한 빛으로, 가시광선보다 파장이 더 길거나 짧은 전자기파*예요. 우리 눈에 보이지 않는 그러한 종류의 빛에는 전파, 마이크로파, 적외선, 자외선, X선, 감마선 등이 있어요. 우주과학자들은 이렇게 보이지 않는 빛을 모아 우리가 '볼' 수 있게 해 주는 특수 망원경을 개발했어요.

보이지 않는 빛 중에서 가장 에너지가 낮은 전자기파는 전파예요. 19세기 후반에 발견된 전파는 무해한 전자기파로, 소리와 영상을 전달하는 데 쓰여요. 그다음으로 에너지가 낮은 전자기파는 마이크로파로, 음식을 조리하는 전자레인지나 자동차 속도를 측정하는 속도총에 쓰여요. 그다음으로 에너지가 높은 전자기파는 적외선이에요. 적외선은 음식을 데우거나 어둠 속에서 열이 있는 물체를 감지하는 야간 투시경 같은 특별한 도구로 열원을 감지하는 데 쓰

* 가시광선도 전자기파의 한 종류입니다.

여요.

 가시스펙트럼보다 파장이 더 짧은* 영역에도 여러 종류의 전자기파가 있어요. 가시광선보다 에너지가 높은 첫 번째 전자기파는 자외선이에요. 태양에서 날아오는 자외선은 피부를 태우고 피부암을 일으킬 수 있어요. 햇빛이 강한 곳에서 야외 활동을 할 때 자외선 차단제를 발라야 하는 이유는 이 때문이에요. 자외선은 우리가 가끔 어두운 방에서 경험하는 형광 현상*을 일으키기도 해요.

 그다음으로 에너지가 높은 전자기파는 X선인데, 뼈를 촬영할 때 사용하는 바로 그 광선이에요. X선은 살을 투과해 뼈를 '볼' 수 있게 해 주어요. X선은 이런 용도로 편리하게 쓰이지만, 암을 일으키는 원인이 되기도 해요. 가장 에너지가 강하고 위험한 전자기파는 감마선이에요. 다행히도 지구에는 대기 중에 오존층이 있어서 우주에서 날아오는 자외선과 X선, 감마선을 대부분 막아 주어요.

 눈에 보이지 않는 이 빛들은 우주에 대한 정보를 알려 주어요. 우주과학자들은 가시광선뿐만 아니라 이러한 종류의 빛들도 측정하고 분석할 수 있는 망원경을 사용하고 있어요. 그래서 오늘날 우리는 갈릴레이나 뉴턴이 살던 때보다 우주의 천체들에 대해 훨씬 많은 것을 알 수 있어요. 초신성이나 블랙홀에서 나온 감마선을 측정하는 망원경도 있어요. 대기권 밖의 우주 공간에 떠 있는 NASA의

---

*전자기파는 파장이 짧은 것일수록 에너지가 더 높아요.
*형광 현상 형광 물질이 자외선을 받아 빛을 내는 현상.

찬드라 X선 천문대는 은하단*들에서 날아오는 X선을 관측해요. 또, 적외선이나 마이크로파를 측정하는 망원경도 있어요.

허블이 남긴 유산

허블은 우주에는 우리은하 외에 다른 은하들도 있다는 사실을 발견한 뒤에 그러한 은하들에서 날아온 빛에 적색 이동이 일어난다는 사실을 알아냈어요. 이것은 그 은하들이 우리에게서 멀어져 간다는 걸 뜻했어요. 그런데 더 멀리 있는 은하일수록 더 빠른 속도로 멀어져 가고 있었어요. 이것은 우주 전체가 팽창할 때 일어나는 현상이에요. 1920년대에 허블이 사용한 망원경은 캘리포니아주 패서디나에 있는 윌슨 산 천문대에 설치된 것이었어요.

닐은 밤하늘에서 광자를 관측하기에 가장 좋은 장소는 밝은 도시 불빛에서 멀찌감치 떨어진 산꼭대기라고 말해요. 닐은 뉴멕시코주, 텍사스주, 애리조나주, 칠레의 안데스산맥 등지의 산꼭대기에 설치된 망원경으로 우주를 바라보았어요. 밤하늘을 관측하기에 아주 좋은 곳 중 하나는 하와이 섬에 있는 휴화산인 마우나케아 산꼭대기인데, 이곳 켁 천문대에는 지름이 10m나 되는 켁 망원경 두 대가 설치돼 있어요.

닐은 뉴욕 시는 망원경으로 밤하늘을 관측하기에 아주 나쁜 장

---

*은하단 은하가 수십 개~수천 개 모인 집단. 10~50개의 소규모 집단은 '은하군'이라고 해요.

지구 주위의 궤도를 돌고 있는 허블 우주 망원경

소라고 말합니다. 도시 지역은 불빛이 공중의 먼지층을 희뿌옇게 만들어 관측을 방해하는 광공해가 심해요. 그래서 완전한 어둠 속에서 별들을 관측하기가 힘들어요. 아주 캄캄한 밤에는 하늘에서 은하수*를 볼 수 있어요. 하지만 대부분의 미국인은 인공 불빛 때문

＊은하수 지구에서 본 우리은하의 모습.

애리조나주 키트피크 산 꼭대기에 위치한 키트피크 국립 천문대의 망원경들

에 자신이 사는 지역에서 은하수를 제대로 볼 수 없어요.

광공해 문제와 지구 대기가 빛을 굴절시키는 문제를 해결하기 위해 천문학자들은 망원경을 우주 공간에 띄우기로 결정했어요. 지구 대기권 밖으로 나가면 이런 문제들이 모두 해결되거든요. 이미 많은 망원경이 우주 공간에 떠서 관측을 하고 있는데, 가장 유명한 것은 허블의 이름이 붙은 허블 우주 망원경이에요. 허블 우주 망원경은 가시광선 영역에서 아름다운 상들을 관측하고 촬영해요. 허블 우주 망원경은 수백만 년 혹은 그보다 훨씬 오래전부터 빛을 내기 시작한 은하 사진들을 포함해 놀라운 사진들을 지구로 보내왔어요. 허블이 은하에 대한 우리의 생각을 바꿔 놓았듯이, 허블 우주 망원경이 새로 발견하는 것들은 우주에 대한 우리의 지식을 바꿔 놓고 있어요.

그 밖의 도구

우주과학자들은 망원경으로 가시광선과 그 밖의 전자기파를 관측하는 것 외에도 여러 가지 도구와 지식을 사용해 우주를 연구해요. 원소 주기율표도 큰 도움이 되는 도구예요. 주기율표는 지금까지 알려진 118종의 원소를 일정한 순서대로 배열해 놓은 표인데, 그 중에서 92종은 우주에서 자연적으로 만들어진 원소이고, 나머지는 실험실에서 인공적으로 만든 원소예요. 주기율표는 비슷한 성질을 가진 원소들을 같은 집단으로 묶어 배열해 놓았어요. 예를 들면, 기체 원소, 액체 원소, 금속 원소가 각 집단별로 나누어져 있어요. 주기율표는 또한 원소들이 서로 어떻게 반응하는지도 알려 주어요. 뉴턴 시대 이후에 과학자들은 모든 원소는 가열하면 각자 고유한 색의 빛을 낸다는 사실을 알아냈어요. 망원경에 붙어 있는 분광계는 빛을 각 색깔 성분들로 분리해요. 천체물리학자는 천체에서 날아온 빛의 색깔 성분들을 자세히 분석함으로써 별의 화학적 성분과 그 주위의 궤도를 도는 행성의 대기 성분을 알 수 있어요. 화학의 발전에 힘입어 이제 천문학자들은 별과 은하의 구성 원소들을 측정하고 평가할 수 있어요.

컴퓨터도 천체물리학자의 중요한 도구가 되었어요. 과학자들은

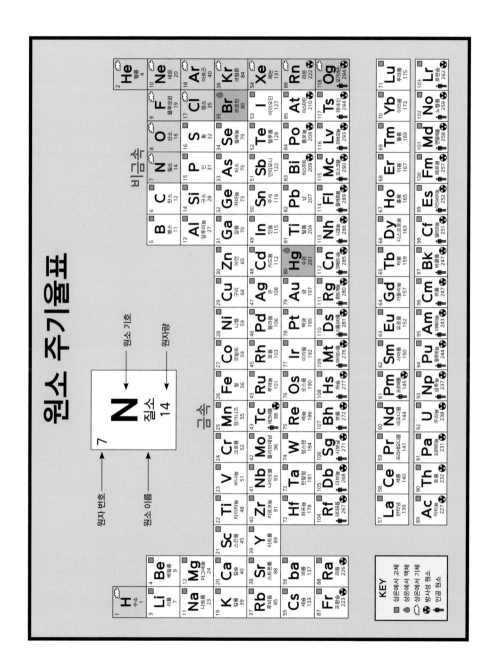

원소 주기율표

우주에서 날아오는 광자를 하나도 놓치지 않으려고 더 크고 성능이 좋은 망원경을 계속 만들고 있어요. 망원경이 향하는 방향을 정하고, 빛을 모아 상을 만들고, 정보를 분석하는 일을 컴퓨터에 맡기기 이전에는 이 모든 일을 과학자들이 손으로 일일이 해야 했어요. 이젠 시간을 많이 잡아먹는 이런 작업들은 컴퓨터가 처리하고 있어요. 컴퓨터는 또한 망원경이 모은 빛을 비교하거나 패턴을 분석하기에 편리한 디지털 데이터로 바꾸는 일도 해요. 게다가 상에 포함된 색이나 빛을 컴퓨터를 사용해 증폭시킴으로써 가시광선 영역에서 볼 수 없는 것들을 볼 수 있게 해 주어요.

마지막으로, 우주에 대한 디지털 정보를 모아서 컴퓨터에 저장하면, 전 세계의 과학자들이 그것을 보고 이용할 수 있어요. 천체물리학자들은 하늘에 있는 수백만 개의 천체를 모든 파장 영역에서 보고, 그 목록을 작성하려고 해요. 그래서 방대한 천문학 데이터베이스를 만들었는데, 이것은 우주를 탐구하는 데 유용한 도구로 쓰여요. 오늘날 천체물리학자들은 망원경을 들여다보는 데 쓰는 시간이 크게 줄어든 대신에 컴퓨터 화면 앞에서 보내는 시간이 더 많아요.

천체물리학자라는 직업

수십 년 전만 해도 우주과학자는 대부분 천문학자 아니면 천체물리학자였어요. 천문학자는 우주에서 새로운 천체를 발견하고 기술하는 일을 한 반면, 천체물리학자는 그런 천체들의 물리적 속성을 이해하고 설명하는 일을 했지요. 하지만 닐은 오늘날 전문 천문학자는 모두 기본적으로 천체물리학자이기 때문에 두 가지 호칭을 서로 바꾸어 부를 수 있다고 말해요. 닐은 천체물리학자라는 자신의 일이 '가장 멋진 직업'이라고 생각하는데, 돈을 받으면서 우주에서 가장 아름다운 것들을 보고 깊이 생각할 수 있기 때문이지요.

천체물리학자가 되려면 과학과 수학을 잘해야 해요. 닐은 수학이 우주의 언어이므로, 정확한 방정식들을 알면 우주와 대화를 나눌 수 있다고 말해요. 닐은 "전 세계의 각 민족은 서로 다른 언어를 쓰지만, 수학은 누가 쓰는 것이건 모두 똑같아 보입니다."라고 말해요.[*] 또, 천체의 밝기와 온도, 거리, 화학적 구성 성분을 측정하고 평가하려면, 수학 외에 화학과 물리학 지식도 필요합니다. 예를 들면, 천체물리학자는 원소들의 색깔 지문을 알아야 해요. 천체물리학자는 별들을 방문해서 온도를 비롯해 필요한 정보를 얻으면 좋겠지만, 아직은 그런 기술이 개발되지 않았어요. 그래서 별빛에서 얻은 다양한 색깔 성분의 빛을 읽고 분석하는 능력이 있어야 해요.

오늘날 대부분의 과학은 학제 간 연구로 일어납니다. 즉, 다양한 분야의 과학자들이 서로 협력해 연구하는 방식으로 일어나지요. 그래서 천체물리학자도 화학자나 물리학자, 지질학자처럼 밀접한 관련이 있는 분야의 과학자들과 함께 연구를 해요. 천체물리학자는

[*] 닐 더그래스 타이슨, 『우주, 지상으로 내려오다』 *Universe Down to Earth* (New York: Columbia University Press, 1994), p. 28.

헤이든 플라네타륨에서 토성 그림자 아래에 서 있는 닐

훌륭한 천체 사진을 얻기 위해 우주 망원경의 카메라와 장비를 설
계하는 공학자의 일을 돕기도 해요. 또, 지구 이외의 다른 곳에서

생명을 찾으려고 노력하는 우주생물학자와 함께 협력하기도 하지요. 한편, 우주론자는 우주가 어떻게 태어났고 어떻게 진화하는가를 포함해 우주 전체에 관한 문제를 다루어요.

천체물리학자가 되려면 오랫동안 열심히 공부해야 해요. 천체물리학자가 되길 원하는 학생은 대학교에서 물리학을 전공하는 게 좋아요. 학사 과정에서 천문학과 우주과학을 전공할 수 있는 대학교도 일부 있어요. 대부분의 천체물리학자는 그다음엔 우주과학의 특정 분야에 집중해 석사나 박사 과정을 밟아요. 천체물리학자라면 별이나 혜성 또는 블랙홀의 생성 과정을 연구 주제로 삼을 수도 있어요. 또 태양계 밖에 존재하는 행성을 찾거나 우주에서 가장 오래된 은하를 찾는 일을 선택할 수도 있어요. 그리고 우주과학 분야에서 수준 높은 연구를 하는 전문가가 되려면, 박사 학위를 따야 해요.

천체물리학자는 의사소통 능력도 좋아야 합니다. 별과 행성을 찾는 일만 있는 게 아니니까요. 강연을 하거나 글을 쓰거나 인터넷 게시물을 통해 우주에 관한 지식을 어린 과학자들에게 가르치거나 일반 대중에게 전달하는 일을 즐기는 천체물리학자도 있어요. 그렇기 때문에 새로운 발견을 다른 사람들에게 잘 전달할 수 있도록 글을 잘 쓰는 능력도 중요해요. 또한, 천체물리학자들 중에는 블로그에 글을 쓰거나 웹사이트를 관리하는 데 열심인 사람도 있어요. 닐처럼 의사소통 능력이 특별히 뛰어난 사람들은 천체물리학자로 일하는 동시에 플라네타륨이나 천문대를 책임지고 있어요. 이 흥미진진한 분야에 대한 열정을 전달하고, 다른 사람들에게 우주에서 우리의 위치에 대한 정보를 제공하는 것은 천체물리학자로 일하면서 큰 보람을 느낄 수 있는 일이에요.

자, 그럼 이제 우주로 눈길을 돌려 천체물리학자들이 탐구하는 우주 공간과 천체에 대해 자세히 알아보기로 해요.

제4장

우주의 진화

오리온성운(M42 또는 NGC 1976이라고도 부름)에서는
새로운 별들이 많이 태어나고 있어요.

현대 인류는 우주의 진화에 대해 최초로 깊이 생각한

인류 집단은 아니지만, 과학의 도구를 사용해 우주의 탄생을 기술하고,

그 진화 과정을 추적하고, 우주 속에서 우리의 위치를

최초로 이해한 인류 집단입니다.

닐 더그래스 타이슨, 『내가 좋아하는 우주 My Favorite Universe』, 2003년

빅뱅에서 탄생한 우주

허블이 우주가 팽창한다는 사실을 발견하자, 과학자들은 그렇다면 우주가 이전에는 지금보다 더 작았을 것이라고 생각했어요. 시간을 거꾸로 되돌려 아주 먼 과거로 가면 어떻게 될까요? 결국에는 우주 전체가 하나의 점에 모이게 될 거예요.

138억 년 전에 우리 우주는 바늘 끝보다도 작은 점 속에 압축되어 있었어요. 이 점 속에 엄청나게 큰 에너지가 모여 있었고, 그 온도는 상상할 수 없을 정도로 높았는데, 순식간에 그 점은 수박만 한 크기로 팽창했어요. 이 작은 공이 급속하게 팽창하면서 오늘날 우주를 이루는 시간과 공간, 물질, 에너지가 생겨났지요. 이렇게 태초에 작은 점이 폭발하듯이 급팽창하면서 우주가 생겨나 진화했다는 이론을 '빅뱅' 이론이라고 불러요.

막 태어난 아기 우주의 에너지가 팽창하는 공간 속으로 퍼져 나가면서 우주의 온도는 점점 떨어지기 시작했어요. 높은 에너지에서 작은 입자들이 생겨났고, 작은 입자들이 뭉쳐 원자가 만들어졌

어요. 제일 먼저 생긴 원자들은 가장 가벼운 기체 원소인 수소(H)와 헬륨(He)이었어요. 이 기체 원소들은 나중에 별을 탄생시키는 연료가 되었어요.

빅뱅의 높은 에너지에서 광자라고 부르는 빛의 입자도 생겨났어요. 빅뱅 초기에는 우주의 온도와 밀도가 너무 높아 원자핵은 전자와 결합하지 못하고 각자 따로 돌아다녔어요. 광자는 전자와 끊임없이 충돌하는 바람에 똑바로 나아가기가 힘들었어요. 그러다가 빅뱅 후 약 38만 년이 지나자, 우주의 팽창으로 온도가 좀 내려가면서 전자가 원자핵과 결합해 원자가 만들어지기 시작했어요. 그러자 이제 광자는 전자와 충돌하지 않고 자유롭게 나아갈 수 있게 되었지요. 이때 우주 전체로 퍼져 가기 시작한 광자들을 오늘날의 우주에서도 볼 수 있는데, 그것이 바로 우주 배경 복사*예요. 과학자들은 우주 전체에서 발견되는 우주 배경 복사를 측정함으로써 우주의 정확한 나이가 138억 년이라는 사실을 알아냈어요!

닐은 우주가 빅뱅에서 시작되었다고 확신합니다. 닐은 천체물리학 중에서도 은하의 생성과 별의 진화를 전문적으로 연구해요. 우주의 진화를 연구하는 것은 하늘에 얼마나 많은 별이 있으며, 별들이 얼마나 먼 곳에 있는가를 연구하는 것보다 훨씬 중요하고 복잡한 일이에요. 닐은 새로운 별이 어떻게 태어나고, 늙은 별이 어떻게

---

*우주 배경 복사 우주 마이크로파 배경 복사라고도 해요.

붕괴해 죽어 가며, 어떻게 별들이 모여 은하를 이루고, 은하의 생성에 블랙홀이 어떤 역할을 하는지 등을 연구합니다. 닐은 아직도 빅뱅이 왜 일어났으며, 우주가 탄생하기 전에는 무엇이 있었는지 궁금하게 여겨요. 이 의문들은 앞으로도 한동안 우주의 진화에서 큰 수수께끼로 남아 있을 거예요.

별의 탄생

밤하늘을 바라보면서 특별히 밝은 별을 하나 선택해 보세요. 그 별빛의 광자는 적어도 수백 광년이라는 거리를 지나와 마침내 여러분 눈에 아름다운 별빛의 상을 새긴 거예요. 그런데 하늘에서 그 별은 어떻게 생겨났을까요?

빅뱅 직후에 갓 태어난 우주는 아주 뜨거운 가스 구름과 같았어요. 우주의 온도가 더 식자 수소 원자들이 결합해 수소 분자를 만들었어요. 최초의 별들은 바로 이 수소 분자들과 헬륨 원자들이 모인 가스 덩어리에서 생겨났어요. 이 가스 덩어리가 최초의 별을 탄생시킬 만큼 충분히 많이 모이는 데에는 1억 년 이상이 걸렸어요. 별은 중심부에서 일어나는 수소 핵융합 반응으로 빛을 내는데, 이 반응을 통해 더 무거운 원소들이 만들어져요. 그리고 그다음에는 무거운 원소들의 핵융합 반응이 일어나면서 점점 더 무거운 원소들이 계속 만들어지지요. 그러다가 수명을 다한 별은 폭발하면서 그동안 만든 원소들을 우주 공간에 뿌려요. 무거운 원소들은 서로 뭉쳐서 더 큰 입자, 곧 우주 먼지(우주진이라고도 함)가 되어요. 우주 먼지는 작은 물질 알갱이로, 더 큰 우주 물체를 만드는 재료가 되지요.

　그러면 별이 탄생하는 과정을 조금 더 자세히 살펴볼까요? 기체 물질은 중력 때문에 별에 붙들려 있어요. 별이 점점 커질수록 중심부의 온도와 압력도 높아집니다. 그러다가 온도가 약 1500만 ℃에 이르면, 핵융합 반응이 일어나기 시작해요. 핵융합 반응은 작은 원자들이 합쳐져 큰 원자가 만들어지면서 에너지가 나오는 반응인데, 아주 높은 온도에서만 일어납니다. 수소 핵융합 반응에서는 수소 원자핵들이 융합해 헬륨 원자핵을 만들고, 그 과정에서 많은 열과 에너지가 나와요. 행성과 소행성 같은 천체는 충분히 크지 않아 그 중심부의 온도와 압력이 핵융합 반응을 일으킬 만큼 높지 않기 때문에 빛을 낼 수 없어요. 행성에서 나오는 빛은 스스로 내는 빛이 아니라, 태양에서 나온 빛을 반사한 것이에요.

　별은 기본적으로 핵융합 반응을 통해 빛을 내는 기체 덩어리예요. 별의 크기는 아주 다양합니다. 핵융합 반응이 일어나기 시작하는 온도는 원소에 따라 제각각 달라요. 큰 별일수록 온도가 더 높은데, 아주 큰 별은 흰색이나 파란색으로 빛납니다. 그보다 작은 별은 온도가 낮아 노란색이나 빨간색으로 보여요. 그런데 큰 별일수록 핵융합 반응이 더 빨리 일어나 연료를 더 빨리 소모하므로 수명이 더 짧아요. 작은 별에서는 수소가 헬륨으로 변하는 핵융합 반응만 일어납니다. 반면에 태양 같은 중간 크기의 별에서는 수소 연료가 다 떨어지면, 이번에는 헬륨 핵융합 반응이 일어나면서 탄소와 질소, 산소가 만들어져요. 아주 큰 별에서도 같은 일이 일어나지만, 그 중심부 온도가 1억 ℃까지 이르기 때문에 탄소와 질소와 산소도 핵융합 반응이 일어나면서 나트륨, 마그네슘, 황, 칼슘처럼 더 무거운 원소들이 계속 만들어집니다. 별 내부에서 일어나는 핵융합 반응은 철(원자 번호 26번)이 만들어지는 단계까지만 진행되고, 그보다 더 무거운 원소가 만들어지지는 않아요.

보통 별은 연료를 태우면서 수십억 년 동안 계속 빛을 내지요. 우주과학자는 한 별의 일생을 다 볼 수 있을 만큼 오래 살진 못해요. 하지만 다행히도 하늘에는 생애 중 각각의 단계에 있는 별들이 다양하게 널려 있기 때문에 천체물리학자는 그 별들을 관측함으로써 별의 생애를 연구할 수 있어요. 사람과 마찬가지로 별도 태어나서 한평생을 보내며 살아가다가 죽어요. 그런데 별은 사람과 달리 죽을 때 그동안 만들었던 원소들을 우주 공간으로 내뿜어요. 이 원소들은 새로운 별이나 행성을 비롯해 우주의 모든 것을 만드는 재료가 되어요.

큰 별 중 일부는 연료가 거의 바닥날 무렵에 크게 부풀어 오르면서 온도가 내려가 빨간색으로 변하는데, 이러한 별을 '적색 거성'이라고 불러요. 적색 거성은 헬륨 연료를 다 태우고 나면 식으면서 크기가 크게 줄어들어 '백색 왜성'이 되어요. 더 작은 별도 연료가 바닥나면 백색 왜성으로 변해요. 아주 큰 별은 폭발로 최후를 장식하는데, 이렇게 폭발하는 별을 '초신성'이라고 불러요. 초신성이 폭발할 때에는 엄청난 양의 에너지가 뿜어져 나오는데, 이 과정에서 철보다 무거운 원소들이 만들어져요. 이렇게 별에서 만들어진 원소들은 우주 공간에 흩어져 가스와 먼지 구름을 이루는데, 이것을 '성운'이라 해요. 시간이 지나면 이 성운 속에서 별이 태어납니다. 성운은 이처럼 아주 특별한 존재이니만큼 특별한 관심을 보일 필요가 있어요.

성운

오리온성운은 밝게 빛나는 먼지와 가스 구름으로, 밤하늘에서 맨눈으로도 볼 수 있어요. 성운 속에서 갓 태어난 아기별들에서 뿜어져 나오는 에너지가 성운을 밝게 빛나게 해요.

행성상 성운도 이름은 성운이지만, 아기별들이 태어나는 성운하고는 달라요. 별이 최후를 맞이해 초신성 폭발이 일어나면, 별 바깥층에서 퍼져 나가는 가스가 죽은 별 주위를 껍질처럼 둘러싸지요. 그러고 나서 이 가스 껍질은 천천히 우주 공간으로 퍼져 나갑니다. '행성상 성운'이라는 이름은 1780년대에 영국 천문학자 윌리엄 허셜(William Herschel)이 이 성운을 망원경으로 볼 때 행성처럼 원반 모양으로 보여서 붙인 이름이에요. 행성상 성운은 크게 확대해서 보면 아주 아름답지만, 실제로는 행성과 아무 관계가 없어요.

1054년 7월 4일, 중국 천문학자들이 하늘에 갑자기 나타난 초신성을 보고 기록했는데, 이 초신성은 대낮에도 보일 정도로 아주 밝

게성운은 행성상 성운으로, NGC 1952라고 부르기도 해요.

았다고 해요. 훗날 과학자들은 망원경으로 이 초신성이 폭발한 자리를 관측하다가 행성상 성운이 생긴 것을 보았는데, 그 모습이 게처럼 생겨 게성운(M1이라고도 함)이라고 불렀어요. 다른 과학자들은 게성운을 연구하다가 폭발하고 남은 별이 중성자별로 변했다는 사실을 알아냈어요.

닐은 자신이 좋아하는 천체 중 하나가 중성자별이라고 말하는데, 밀도가 엄청나게 큰 천체여서 좋아한다고 해요. 초신성 폭발이 일어나고 나서 남은 물질은 큰 중력과 온도 때문에 원자 속의 양성자와 전자가 결합해 중성자로 변하게 되어요. 그래서 거의 모든 물질이 중성자로 변하면, 중성자로만 이루어진 중성자별이 되지요. 태양이 중성자별로 변한다면 그 크기는 겨우 도시 하나만큼 작아진다고 하니, 중성자별의 밀도가 얼마나 높은지 짐작하겠지요? 중성자별은 아주 빨리 회전하는 경우가 많은데, 그러면서 전자기파 빔(전파, X선, 감마선 등의 형태로)을 내뿜어요. 게성운에 있는 중성자별도 그런 별 중 하나예요. 전자기파 빔은 양극 쪽에서 뿜어져 나오기 때문에 빙빙 돌면서 빛줄기를 내뿜는 등대 불빛과 비슷해요. 그 빔이 지구 쪽으로 지나갈 때, 우리에게는 그것이 주기적으로 맥동하는 전자기파 빔으로 보여요. 그래서 이런 천체를 맥동 전파원이라는 뜻으로 펄서(pulsar)라고 부릅니다. 게성운의 펄서는 1초에 30번씩 회전하고 있어요. 중성자별은 아주 큰 중력으로 단단히 뭉쳐져 있기 때문에 이토록 빠른 속도로 회전하더라도 흩어지지 않아요.

천체물리학자들은 게성운이 약 6300광년 거리에 있다는 사실을 알아냈어요. 이처럼 아주 먼 곳에 있기 때문에 쌍안경이나 망원경의 도움을 받지 않고 맨눈으로 보기는 어려워요. 게성운을 보고 싶으면, 황소자리에서 찾아보세요.

별자리

옛날에 하늘을 관측하던 사람들은 한 무리의 별들을 보고 황소 머리와 비슷하게 생겼다고 생각했어요. 그래서 그 별자리를 황소자리로 정했어요. 오리온성운은 오리온자리 가까이에 있는데, 오리온은 그리스 신화에 나오는 사냥꾼이에요. 그중에서 일렬로 늘어선 밝은 별 세 개는 오리온의 허리띠라고 불러요. 오리온자리와 황소자리는 둘 다 북반구 하늘에서 볼 수 있어요. 계절이 변하면 하늘에서 별자리들의 위치가 조금씩 변해요. 하지만 오리온의 허리띠는 항상 황소 머리를 향하고 있어요.

별자리를 이루는 일부 별들에 따로 이름이 붙는 경우도 있어요. 예를 들어 황소자리에 있는 플레이아데스 성단은 일곱 자매라고 부르는데, 고대 그리스 사람들이 그중 밝은 별 일곱 개가 아틀라스와 플레이오네 사이에서 태어난 일곱 자매라고 생각했기 때문이에요. 일곱 자매는 오리온성운에서 태어난 별들이 서로 가까이 모여 무리를 이루고 있어요. 하지만 많은 별자리의 별들은 실제로는 서로 가까이 있지 않아요. 별의 밝기는 지구에서의 거리뿐만 아니라, 별의 크기와 나이와 온도에 따라서도 달라져요. 그래서 아주 밝은 별이라도 실제로는 먼 곳에 있거나 아주 희미한 별이라도 가까운 곳에 있을 수도 있어요.

시간이 지나면서 천문학자들은 밤하늘 전체를 88개의 별자리 구역으로 나누었어요. 각 별자리에는 주로 옛날 사람들이 상상한 그리스와 로마 신화의 신이나 인물 또는 동물 이름이 붙었지요. 먼 옛날 사람들은 항해를 할 때 별자리를 길잡이로 삼았어요. 오늘날 별자리는 하늘의 지도에서 별들의 위치를 나타내기에 편리한 표지로 쓰여요. 큰곰자리의 일부인 북두칠성은 여러분도 잘 알고 있을 거예요. 그런데 작은곰자리의 꼬리 끝부분에 있는 별이 북극성이란 사실도 알고 있나요?

북반구 하늘에 나타나는 별자리들은 남반구 하늘에 나타나는 별자리들과 똑같진 않아요. 즉, 캐나다 사람들이 보는 밤하늘의 모습은 오스트레일리아 사람들이 보는 밤하늘의 모습과 많이 달라요. 하지만 하늘에서 어떤 별자리들을 보건, 우리는 88개의 별자리 중 많은 것을 보면서 즐길 수 있어요.[*]

밤하늘에서 가장 밝은 별은 큰개자리의 시리우스예요. 시리우스는 지구에서 8.8광년(약 83조 km) 거리에 있어요. 그런데 밤하늘에 보이는 별들은 대부분 독립적인 하나의 별이 아니에요.

전체 별 중 반 이상은 쌍성이에요. 쌍성은 두 별이 가까운 거리에서 서로의 주위를 돌고 있는 것을 말해요. 닐이 좋아하는 별은 백조자리 머리 부분에 있는 알비레오예요. 알비레오는 백조자리에서 가장 밝은 별은 아니지만, 망원경으로 자세히 보면 알비레오가 하나의 별이 아니라 쌍성임을 알 수 있어요. 한 별은 뜨거운 파란색 별

---

[*] 별자리를 찾기 위해 하늘의 지도가 필요하면, http://www.kidsastronomy.com을 방문해 보세요.

이고, 다른 별은 그보다 온도가 낮은 황금색 별이에요. 이 두 별은 마치 나란히 놓인 사파이어와 황옥처럼 아름다워요. 알비레오는 지구에서 비교적 먼 약 430광년 거리에 있어요.

그렇다면 지구에서 가장 가까운 별은 무엇일까요? 그것은 바로 켄타우루스자리 프록시마(프록시마 켄타우리)로, 약 4.2광년 거리에 있어요. 그리고 그 뒤를 이어 4.3광년 거리에 켄타우루스자리 알파(알파 켄타우리)가 있는데, 이 별은 하나의 별이 아니라 쌍성이에요.

천체의 이름은 어떻게 정할까?

별자리 이름은 옛날 사람들이 밤하늘에서 본 형태에 따라 정해진 반면, 행성들에는 그리스와 로마 신화에 나오는 신들의 이름이 붙어 있어요. 그리고 별 이름 중 많은 것은 알비레오처럼 중세 아랍 천문학자들이 붙인 것이 많아요. 혜성과 소행성은 발견한 사람의 이름이 붙거나 그 사람이 정한 이름이 붙는 경우가 많아요. 은하와 성운은 솜브레로은하*나 나비성운처럼 그 모습과 비슷하게 생긴 이름이 많이 붙어요.

안드로메다은하를 비롯해 일부 유명한 천체에는 이름이 여러 개 붙어 있어요. 안드로메다은하는 NGC 224 또는 M31이라고도 불러요. 'NGC'는 New General Catalog, 즉 새로운 일반 목록이란 뜻이고, 'M'은 Messier(메시에)를 가리켜요. 18세기에 프랑스 천문학자 샤를 메시에(Charles Messier)는 혜성을 찾기 위해 망원경으로 밤하늘을 샅샅이 조사

*솜브레로는 챙이 넓은 멕시코 모자란 뜻이에요.

했어요. 그러다가 혜성 대신에 아름답고 밝은 천체를 많이 발견했는데, 그 대부분은 성운과 성단과 은하였어요. 메시에는 이렇게 발견한 천체 110개를 M1부터 M110까지 이름을 붙여 목록으로 만들었어요.[*]

그러다가 19세기에 오누이 사이인 영국의 윌리엄 허셜과 캐롤라인 허셜(Caroline Herschel)이 메시에 목록에 새로운 천체를 더 추가해 《새로운 일반 목록》을 만들었어요. 허셜 오누이가 발견한 천체는 약 2500개나 되었는데, 그중에서 110개는 메시에 목록에 있는 것이었지요. 그래서 두 목록에 모두 실린 천체는 두 가지 이름을 가지게 되었어요. 윌리엄 허셜은 천왕성을 발견한 천문학자로 유명해요. 캐롤라인은 혜성 아홉 개와 많은 성운을 발견했어요. 허셜 오누이 이후에 우주과학자들은 더 많은 천체를 《새로운 일반 목록》에 추가했어요. 오늘날 《새로운 일반 목록》에는 약 8000개의 천체가 실려 있어요.

[*] 메시에 천체 목록은 Astronomy Source(천문학 자료)에서 볼 수 있어요. http://www.astronomysource.com/messier-catalog

은하

별들은 서로의 중력에 붙들려 집단을 이루고 있는데, 이러한 별들의 집단을 은하라고 불러요. 우주에는 은하가 적어도 1000억 개 이상 있는데, 각 은하에는 별이 수천만 개에서부터 수십조 개까지 있어요. 그러니 우주 전체에 존재하는 별들의 수는 가늠하기조차 힘들어요.

나비성운은 행성상 성운으로, NGC 6302이라고도 불러요.

바람개비은하는 나선 은하인데, M101과 NGC 5457이라는 이름도 있어요.

허블이 만든 은하 분류 체계는 지금도 쓰이고 있어요. 허블은 은하들을 모양에 따라 크게 세 범주로 나누었어요. 알려진 은하들 중약 3분의 2는 나선 은하예요. 나선 은하는 젊은 은하가 많은데, 우리은하와 안드로메다은하도 나선 은하예요. 두 번째 범주의 은하는 '타원 은하'인데, 모양은 이름 그대로 나선팔*이 없는 타원형이

*나선팔 나선 은하의 별이나 가스가 소용돌이 모양으로 이루어진 부분을 말해요.

타원 은하 NGC 1132

며, 대체로 나선 은하보다 나이가 더 많아요. 타원 은하의 가스 물질은 대부분 이미 오래전에 별을 만드는 데 쓰였어요. 세 번째 범주의 은하는 불규칙 은하인데, 이름 그대로 일정한 모양이 없이 제멋대로 생긴 은하를 말해요. 불규칙 은하는 두 은하가 충돌한 후에

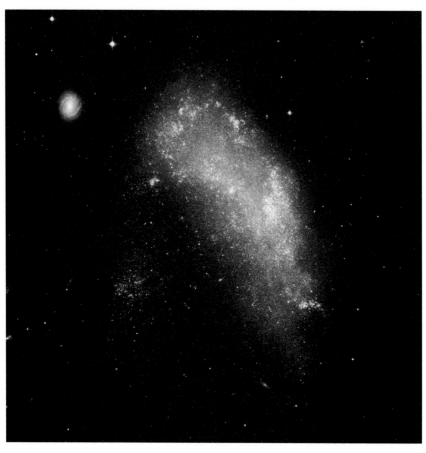

불규칙 은하 NGC 1427A

생기는 경우가 많아요.

　한 은하 안에 있는 별들 사이의 거리는 아주 멀어요. 닐은 두 은하가 충돌하더라도 별들이 서로 충돌하는 일은 거의 없다고 말해요. 다만, 별이 다른 별의 중력에 영향을 받아 밀려나거나 끌려가는

생쥐은하는 두 은하가 충돌하는 모습을 보여 주어요.

일은 일어날 거예요. 충돌하는 은하는 흥미로운 모습을 보여 주는
데, 주로 별들 사이에 있는 가스와 먼지가 이리저리 움직이고 확산
하면서 생겨요. 예를 들면, 닐은 두 은하가 충돌해서 생긴 생쥐은하
(NGC 4676)의 기다란 꼬리 모습을 좋아해요.

   대부분의 은하 충돌은 우주의 나이가 30억 년쯤 되었을 때 일어
났어요. 은하가 한창 많이 생겨나던 무렵이었지요. 그때에는 우주
의 크기가 지금보다 훨씬 작았고, 많은 가스 물질이 서로 충돌하면

서 별들이 만들어졌어요. 지금은 새로 태어나는 은하가 별로 없어요. 다만 새 별들이 탄생하는 성운은 많이 있어요.

그런데 은하들은 우주에서 균일하게 분포돼 있지 않아요. 아주 거대한 우주 공간이 텅 비어 있는 지역이 곳곳에 있는데, 이런 곳을 '우주 공동(空洞)'이라고 불러요. 우주 공간 중 대부분은 관측할 수 있는 물질이 거의 없이 텅 비어 있지만, 과학자들은 보이지 않는 물질과 힘이 우주의 성장과 진화를 좌우한다는 사실을 알고 있어요. 보이지 않는 물질과 힘을 각각 '암흑 물질(dark matter)'과 '암흑 에너지(dark energy)'라고 불러요. 과학자들도 암흑 물질과 암흑 에너지의 정체를 아직 제대로 알지 못하지만, 이 둘을 빼놓고는 우주의 진화를 제대로 설명할 수 없어요.

암흑 물질

빅뱅에서 우주가 탄생할 때, 신비한 암흑 물질 입자도 만들어졌어요. 암흑 물질 입자는 빛을 내지 않고, 우리 몸을 이루는 물질과 같은 정상 물질과 상호 작용하지도 않아요. 그래서 암흑 물질은 보이지도 않고, 어떤 측정 장비로도 발견할 수 없어요. 적어도 아직까지는 그래요. 과학자들은 암흑 물질을 '볼' 수 있는 감지기를 만들려고 열심히 노력하고 있어요.

그렇다면 과학자들은 암흑 물질이 있다는 걸 어떻게 알까요? 그것은 암흑 물질 덩어리의 중력이 주변 물질에 그 힘을 미치기 때문이지요. 실제로 은하가 흩어지지 않고 뭉쳐 있는 데에는 암흑 물질의 중력이 중요한 역할을 하는 것으로 보여요. 우주 전체에서 암흑 물질이 미치는 중력은 아주 커요. 그래서 천체물리학자들은 우주에 존재하는 전체 물질 중 약 90%가 암흑 물질로 이루어져 있고, 나머지 10%만 우리 눈으로 볼 수 있는 정상 물질로 이루어져 있다고 추측해요.

암흑 에너지

과학자들은 암흑 에너지를 찾기 위한 감지기도 개발하려고 노력하고 있어요. 암흑 에너지는 우주의 팽창 속도를 점점 빠르게 하는(가속시키는) 신비한 힘이에요. 빅뱅 직후의 초기 우주에서는 어린 은하들이 서로 가까이 붙어 있었는데, 암흑 에너지가 중력보다 더 강하게 작용하면서 은하들을 서로 멀어지게 했어요. 우주가 팽창하면서 암흑 에너지에서 나오는 반중력은 점점 더 커지기 때문에 은하들은 점점 더 멀어져 가요. 천체물리학자들은 암흑 에너지가 은하들이 서로 멀어져 가는 속도를 점점 더 빠르게 한다는 사실을 알아냈어요.*

---

*우주 배경 복사를 정밀하게 측정한 데이터를 분석하면, 우주에 있는 물질의 분포와 구성 성분을 알 수 있어요. 관측 결과에 따르면, 양성자와 중성자로 이루어진 정상 물질은 전체 우주에서 4%에 불과하고, 약 22%는 정상 물질과 다른 암흑 물질로 이루어져 있어요. 나머지 약 74%는 암흑 에너지로 이루어져 있는데, 암흑 에너지는 다른 물질을 끌어당기는 중력이 없는 대신 물질들을 서로 멀어지게 하는 작용을 해요. 팽창 우주에 관해 더 자세한 내용은 http://www.nasa.gov/astrophysics/focus-areas/what-is-dark-energy에서 볼 수 있어요.

블랙홀

사람들은 공개적인 자리에서 닐을 만나면, 일반적으로 다음과 같은 세 가지 질문을 던져요. (1) 정말로 빅뱅이 일어났나요? (2) 블랙홀이 정말로 있나요? (3) 우주의 다른 곳에도 생명이 살고 있나요? 첫 번째 질문에 대한 답은 앞에서 이미 했고, 외계 생명체 문제는 9장에서 자세히 다룰 거예요. 여기서는 블랙홀 질문에 대해 닐의 대답을 들어 보기로 해요.

블랙홀은 큰 별이 중력 때문에 짜부라질 때 생겨납니다. 큰 중력 때문에 물질이 압축되어 밀도가 아주 커지면, 마침내 빛도 중력을 뿌리치고 탈출하지 못하게 되어요. 빛이 탈출하지 못하면, 밖에서는 그 천체를 볼 수 없기 때문에 이 천체를 '검은 구멍', 곧 블랙홀이라고 부르는 거예요. 블랙홀은 회전하는 깔때기처럼 생겼다고 상상하면 돼요. 깔때기의 가장자리 부분에 해당하는 부분을 '사건의 지평선'이라고 불러요. 사건의 지평선은 블랙홀의 경계에 해당하는 지점으로, 이곳을 넘어서면 그 어떤 것도 블랙홀 밖으로 나올 수 없어요. 여기서부터 블랙홀의 중심인 특이점을 향해 시간과 공간이 심하게 구부러져 있어요.

블랙홀은 주변의 별과 은하 물질을 빨아들이면서 점점 커져 갑니다. 사건의 지평선에 너무 가까이 다가간 별은 블랙홀의 중력에 끌려 그 안으로 빨려 들어가고 말아요. 그리고 특이점에 다가가면 강한 중력 때문에 별은 산산조각 나고 말아요. 닐은 사람이 발부터

블랙홀을 상상하여 그린 그림.
회전하는 사건의 지평선과 중심의 특이점이 극적으로 묘사돼 있어요.

먼저 블랙홀 속으로 빨려 들어가면 어떤 일이 일어나는지 신나게
설명해요. 우선 그 사람은 머리와 발끝에 미치는 중력의 차이 때문
에 몸이 스파게티 가닥처럼 기다랗게 늘어나다가 허리 부분이 끊길
거예요. 닐은 블랙홀 속에 들어간 사람을 파스타 기계에 들어간 것
에 비유하는데, 이 과정을 '스파게티화(spaghettification)'라고 불러
요. 이렇게 길게 늘어났다가 토막 난 나머지 조각들도 계속 그런 식
으로 토막 나다가 결국은 블랙홀 중심으로 가 압축될 거예요.

블랙홀 자체는 아예 볼 수 없지만, 근처에 있는 물질이 블랙홀로 빨려 들어갈 때 X선의 형태로 큰 에너지가 나오기 때문에, 아무것도 없는 곳에서 많은 X선이 방출된다면, 그곳을 블랙홀의 유력한 후보로 볼 수 있어요. 우주 공간에 떠 있는 찬드라 X선 천문대는 우주에서 날아오는 X선을 관측하는 망원경인데, 블랙홀 후보들을 발견하는 데 큰 역할을 하고 있어요.

천체물리학자들은 놀랍게도 왜소 은하*를 제외한 모든 은하의 중심에 블랙홀이 있다는 사실을 알아냈어요. 과학자들은 은하들이 각자 그 형태를 유지하고 있는 것은 블랙홀의 강한 중력에 별들이 붙들려 있기 때문이 아닐까 생각해요. 은하 중심에 있는 블랙홀은 가까이 있는 별들을 집어삼키면서 계속 커지기 때문에 은하의 진화에 큰 영향을 미쳐요. 만약 블랙홀이 너무 많은 별을 집어삼킨다면, 블랙홀 주변에 작은 은하가 남게 되겠지요. 하지만 블랙홀이 주변에 있는 물질을 모두 다 집어삼키고 나면, 이제 특이점은 할 일이 없어 두 손 놓고 놀아야 할 거예요. 그렇지 않고 주변에 별들이 많이 널려 있다면, 블랙홀은 끝없이 별을 집어삼킬 수 있어요.

가끔 블랙홀이 한 번에 너무 많은 별을 집어삼켜 엄청난 양의 빛과 에너지가 나올 수 있어요. 별을 이루는 물질이 사건의 지평선을 넘어 블랙홀로 들어가기 직전에 아주 높은 온도로 가열되면서 막대

---

*왜소 은하 은하계나 안드로메다은하 주위에 무리지어 있는 작고 어두운(-14등) 은하.

한 에너지가 나오기 때문이지요. 아주 먼 우주 저편에서 이런 일이 일어나는 은하는 아주 밝게 빛납니다. 이런 은하를 '퀘이사(quasar)'라고 부르는데, 퀘이사는 우주에서 그 어떤 것보다 더 많은 빛을 내뿜습니다. 천체물리학자들은 퀘이사의 중심에 초거대 블랙홀이 있다는 사실을 알아냈어요.

큰 은하 중 일부는 중심에 블랙홀이 둘 이상 있어요. 아벨 2261이라는 은하단에서 가장 밝은 은하인 A2261-BCG의 중심에는 초거대 블랙홀이 두 개 있는 것으로 보여요. 우리은하의 중심에는 블랙홀이 하나만 있어요.

과학자들이 궁금하게 여기는 한 가지 수수께끼는 블랙홀 속으로 들어간 물질이 어떻게 되느냐 하는 것이에요. 그 물질은 특이점을 통과한 뒤에 다른 쪽 끝부분을 통해 다른 우주로 폭발하면서 나갈까요? 어떤 과학자들은 우리 우주 외에 다른 빅뱅을 통해 만들어진 우주들이 존재한다고 생각해요. 닐은 이것이 흥미로운 생각이긴 하지만, 우리가 살고 있는 이 우주 외에 다른 우주가 존재한다는 증거는 없다고 말해요. 이러한 '다중 우주' 이론은 암흑 에너지의 수수께끼를 풀 수 있는 한 가지 방법이에요. 우리는 블랙홀 속을 들여다볼 수 없는 것처럼 다른 우주들도 볼 수 없어요. 다른 우주를 볼 수 있는 방법이 한 가지 있긴 한데, 그것은 우리 우주가 계속 팽창하다가 저 멀리 다른 곳에 있는 딴 우주와 충돌하는 경우예요. 이 수수께끼에 대한 답을 찾는 일은 아무래도 먼 미래의 과학자들에게 맡

겨야 할 것 같아요.

우주 화석

현재로서는 우주과학자들은 우주가 어떻게 탄생했는지 알기 위해 과거의 우주를 연구하고 있어요. 천체물리학자들은 새로운 도구들의 도움을 받아 시간이 시작된 지점으로 점점 더 가까이 다가가면서 연구하고 있어요. 고인류학자는 인류의 진화 과정을 알아내기 위해 화석 인류의 뼈 화석과 발자국 화석을 연구하지요. 천체물리학자는 이와 비슷하게 우주의 진화 과정을 자세히 알아내기 위해 오래된 은하에서 나온 가스와 빛을 연구하는데, 이런 것을 우주 화석이라고 할 수 있어요. 고인류학자는 수백만 년 전의 화석들을 조사하는 반면, 천체물리학자는 수십억 년 전의 우주를 조사해야 해요.

천체물리학자에게는 한 가지 어려움이 있는데, 빅뱅 이후 138억 년이 지나는 동안 거의 변하지 않고 원형 그대로 남아 있는 우주 화석을 찾아야 한다는 점이에요. 망원경의 성능이 점점 좋아지면서 과학자들은 더 오래된 빛과 은하와 가스 구름을 발견하고 있어요. 허블 우주 망원경은 우주에서 가장 오래된 은하를 발견했어요. 작고 희미한 이 은하는 빅뱅에서 약 5억 년이 지났을 때(우주의 나이가 아주 어린 시기에) 생겨났어요. 그 빛이 130억 년이나 여행한 끝에 마침내 우리에게 도착했다는 사실은 정말로 경이로운 일이에요! 그래서 이 먼 우주에서 날아온 광자는 화석과 같아요.

또 다른 우주 화석으로는 우주 배경 복사와 수소와 헬륨만으로 이루어진 가스 구름이 있어요. 우주 배경 복사는 빅뱅에서 약 40만 년이 지났을 때 생긴 것이에요. 그때의 우주는 지금보다 훨씬 뜨거웠어요. 그 뜨거운 우주를 가득 채우고 있던 빛이 138억 년이 지나는 동안 우주의 팽창과 함께 식어서 아주 낮은 온도의 마이크로파 형태로 남은 것이 바로 우주 배경 복사예요. 우주 배경 복사는 우주의 초기 역사에 대한 단서를 제공하는 화석과 같아요. 그리고 가스 구름 화석은 빅뱅이 일어난 뒤 별들의 중심부에서 무거운 원소들이 만들어지기 전의 초기 우주 때 생긴 것이에요.

닐은 이곳 지구에서 발견되는 화석들도 우주에서 일어난 사건에 단서를 제공한다고 말해요. 암석층의 화석들은 소행성이 충돌하기 전과 후에 살았던 생물들에 어떤 변화가 일어났는지 알려 주어요. 그리고 큰 소행성은 지표면에 큰 충돌 구덩이를 남겨요. 또, 큰 소행성 충돌은 지구 역사에서 일어난 대멸종 사건의 원인이 되었을 가능성이 있어요.

만약 과학자들이 암흑 물질을 볼 수 있는 방법을 찾아낸다면, 암흑 물질 입자 역시 우주 화석이 될지 몰라요. 암흑 물질은 빅뱅 직후 정상 물질이 만들어진 것과 같은 시기에 만들어졌어요. 암흑 물질은 정상 물질과 상호 작용하지 않기 때문에, 처음에 생겨난 것과 똑같은 상태를 유지하고 있을 거예요. 만약 암흑 물질 화석을 손에 넣는다면, 천체물리학자들은 갓 태어난 우주가 급팽창(인플레이션)

하던 시기나 빅뱅이 일어난 순간에 대해 많은 것을 알 수 있을 거예요. 그것은 고인류학자들이 두 발로 걸어 다닌 최초의 인류 화석을 발견하는 것만큼 놀라운 발견이 될 거예요.

제5장

우리가
살고 있는 은하

큰 은하 중에서 우리에게 가장 가까운 이웃 은하인 안드로메다은하는
우리은하와 마찬가지로 나선 은하예요.

우리은하가 탄생한 지 100억 년이 지났지만,

지금도 우리은하 안의 여러 장소에서는 별이 계속 태어나고 있습니다.

닐 더그래스 타이슨과 도널드 골드스미스(Donald Goldsmith),

『오리진: 140억 년의 우주 진화』, 2004년

100억 년도 더 전에 우주 공간에서 아주 거대한 가스 구름이 빙빙 돌기 시작했어요. 빙빙 도는 속도가 점점 빨라지자, 가스 구름은 납작해지면서 팬케이크처럼 원반 모양으로 변했어요. 가스 원반이 우주 공간에서 빙글빙글 도는 동안 가스 덩어리들 속에서 별들이 태어났어요. 이렇게 태어난 별들의 집단은 중심에서 바깥쪽으로 여러 개의 나선팔을 이루며 뻗어 있어 위에서 내려다보면 바람개비처럼 보여요.

이것이 바로 우리은하예요. 우리은하의 지름은 약 10억 광년이나 되지만, 높이는 1000광년밖에 되지 않아요. 고대 로마인은 밤하늘의 은하수*를 하늘에 뿌려진 젖이라고 생각했어요.* 그래서 은하수를 '젖의 길'이란 뜻의 라틴어로 '비아 락테아(Via Lactea)'라고 불렀고, 영어에서도 같은 뜻으로 '밀키 웨이(Milky Way)'라고 불러요.

---

*은하수는 지구에서 보이는 우리은하의 모습이에요.
*그리스 신화에 따르면, 신들의 왕인 제우스는 자신과 인간 사이에서 태어난 아들 헤라클레스에게 불사의 생명을 주기 위해 잠이 든 헤라 여신의 젖을 빨게 했다고 해요. 그런데 헤라클레스가 젖을 세게 빠는 바람에 놀라 깨어난 헤라가 아기를 뿌리치면서 젖이 하늘에 뿌려졌는데, 그 젖이 은하수가 되었다고 합니다.

우리는 우리은하 전체의 모습은 볼 수가 없는데, 지구와 태양계가 우리은하 안에 있기 때문이에요. 만약 우리가 우리은하 밖으로 멀리 우주여행을 하는 날이 온다면, 닐도 아주 먼 우주로 여행하여 우리은하의 모습을 보고 싶다고 해요. 그래도 과학자들은 이웃 은하이자 같은 나선 은하인 안드로메다은하의 모습을 바탕으로 우리은하의 모습을 대략 알 수 있어요. 우리은하는 국부 은하군이라는 은하 집단에 속해 있어요. 54개 이상의 은하로 이루어진 국부 은하군은 100개가 넘는 은하단과 함께 처녀자리 초은하단에 속해 있어요.

우리은하에는 약 2000억 개의 별뿐만 아니라, 가스 구름과 성운, 위성 은하도 있어요. 20여 개의 작은 위성 은하는 마치 달이 지구 주위를 돌듯이 우리은하 주위를 돌고 있어요. 그중에서 가장 중요한 두 위성 은하는 대마젤란은하와 소마젤란은하예요.[*]

대마젤란은하와 소마젤란은하

포르투갈의 탐험가 페르디난드 마젤란(Ferdinand Magellan)은 16세기 초에 세계 일주 항해에 나섰어요. 그러다가 적도를 넘어 남반구로 갔을 때, 밤하늘에서 희뿌연 구름처럼 빛나는 반점 두 개를 보았는데, 일행 중 안토니오 피가페타(Antonio Pigafetta)가 그것을 희미한 성단으로 기록했어요. 나중에 이것은 성운으로 알려졌고, 마

---

[*] 대마젤란은하와 소마젤란은하는 전에는 성운이라고 생각하여 각각 대마젤란운과 소마젤란운으로 불렸지만, 지금은 은하임이 밝혀져 은하라고 불러요.

이스터 섬에서 바라본 은하수.
오른쪽에 대마젤란은하와 소마젤란은하가 보여요.

젤란의 이름을 따 각각 대마젤란운과 소마젤란운으로 불렀어요. 하지만 지금은 성단이나 성운이 아닌 위성 은하로 밝혀졌어요. 대마젤란은하와 소마젤란은하는 둘 다 왜소 불규칙 은하로, 나선팔이 없고, 별의 수는 대마젤란은하가 수십억 개, 소마젤란은하가 수억 개예요. 대마젤란은하에는 태양보다 100배나 큰 별들도 있어요. 대마젤란은하에 있는 타란툴라성운(황새치자리 30번)은 많은 별이 새로 태어나는 장소예요.

별들이 태어나는 장소
우리은하 안에는 타란툴라성운처럼 별들이 새로 태어나는 장소가

말머리성운은 별이 탄생하는 지역에서 해마가 솟아오르는 것처럼 보여요.

곳곳에 있어요. 오리온자리에는 오리온의 허리띠 근처에 말머리성운(바너드 33번)과 오리온의 발 근처에 오리온성운이 있어요. 오리온성운에서는 한 번에 수천 개의 별이 동시에 태어나는데, 망원경으로 보면 그 모습을 어렵지 않게 볼 수 있어요. 용골자리성운(NGC 3372)은 오리온성운보다 크기가 훨씬 크고, 밝은 별도 더 많지만, 용골자리가 남반구 하늘에서 보이는 별자리이기 때문에 잘 알려지

용골자리성운에는 새로 태어난 별들이 아주 많아요.

진 않았어요. 수리성운(M16 또는 NGC 6611)에는 별이 탄생하는 지역이 여러 군데 있는데, 이곳들을 '창조의 기둥'이라고 불러요. 수리성운은 북반구 별자리인 뱀자리에 있어요. 뱀자리는 여름날 밤하늘에서 잘 보여요.

은하 중심의 블랙홀

우리은하에서 젊은 별들은 대부분 나선팔 지역에 있어요. 은하 가운데에는 공처럼 불룩한 지역(이것을 '팽대부'라 불러요)이 있는데, 이곳에는 늙은 별들(나이가 우리은하와 비슷하게 100억 년이나 되는)이 많이 모여 있어요. 우리은하 중심에는 거대한 블랙홀이 있어요. 지금 이 블랙홀은 더 이상 주변의 별들을 집어삼키지 않고 조용히 있어요. 이 블랙홀은 궁수자리 A*라고 부르는데, 지금까지 우리은하 곳곳에서 발견된 열아홉 개의 블랙홀 중 가장 커요. 우리은하에 블랙홀이 열아홉 개나 있다고 해서 불안해할 필요는 없어요. 확인된 블랙홀 중 가장 가까이 있는 것도 적어도 3000광년 이상 떨어져 있고 크기도 작으니까요.

암흑 물질

우리은하는 수소 가스로 둘러싸여 있는데, 보이지도 않고 감지되지도 않는 암흑 물질도 우리은하를 둘러싸고 있어요. 천체물리학자들은 이 암흑 물질 때문에 우리은하의 별들이 흩어지지 않고 한데 모여 있다고 생각해요. 별들의 질량에서 나오는 중력만으로는 회전하는 은하에서 별들이 밖으로 달아나는 걸 막을 수 없기 때문이에요.

암흑 물질은 은하 중심 주위를 도는 별들의 움직임에 영향을 미

---

* '에이 스타'라고 읽어요.

수리성운의 별들이 탄생하는 지역에서 솟아오른 가스 기둥들

칩니다. 암흑 물질은 별과 은하처럼 큰 물체에는 영향을 미치지만, 행성이나 위성 같은 작은 물체에는 영향을 미치지 않아요. 넓은 암흑 물질은 지구나 지구 위를 걸어 다니는 우리에게는 아무 영향도 미치지 않는다고 자신 있게 말합니다.

안드로메다은하

우리은하는 우주에 존재하는 약 1000억 개의 은하 중 하나예요. 천체물리학자들은 큰 은하 중에서 가장 가까운 이웃 은하인 안드로메다은하를 연구함으로써 우리은하에 관한 사실을 많이 알아냈어요. 이 나선 은하는 약 240만 광년 거리에 있으며, 맨눈으로 볼 수 있는 천체 중 가장 먼 곳에 있어요. 다른 은하들은 망원경을 사용하지 않으면 볼 수 없어요.

우주에 있는 모든 물체는 서로에 대해 움직이고 있어요. 우리가 사는 지구도 움직이고, 태양계도 움직이고, 은하들도 움직여요. 은하들은 서로 충돌하기도 하는데, 충돌 과정은 수십억 년 동안 계속되어요. 안드로메다은하와 우리은하는 서로를 향해 다가가고 있는데, 약 60억 년 뒤에는 충돌할 것으로 보여요.[*] 천체물리학자들은 두 은하가 충돌하더라도, 별들은 서로를 비켜 지나가 큰일은 없을 것이라고 예상해요. 그리고 그 결과로 두 나선 은하가 합쳐져 큰 타원 은하가 탄생할 것이라고 해요.

초신성

천체물리학자들은 우리은하 안에서 초신성 잔해를 300개 이상 확

[*] 약 60억 년 뒤에 우리은하와 안드로메다은하가 충돌하는 장면을 묘사한 비디오 애니메이션을 보고 싶다면, 허블사이트(HubbleSite)의 "Cosmic Collisions Galore!" April 24, 2008, News Release Number STScI-2008-16을 보세요. http://hubblesite.org/newcenter/archive/releases/2008/16/video/a/ (accessedNovember12, 2014)

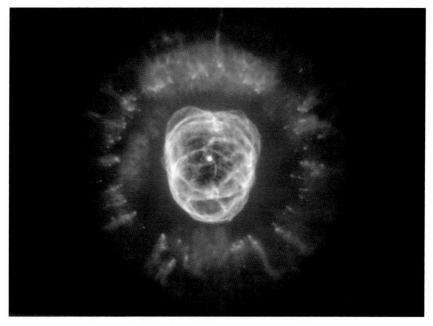

에스키모성운은 초신성 폭발로 생긴 행성상 성운이에요.

인했어요. 초신성 잔해는 큰 별이 폭발하거나 작은 별 두 개가 합쳐
졌다가 폭발하면서 엄청난 양의 가스와 먼지가 우주 공간으로 퍼져
나가면서 생겨요. 이때, 먼지에 포함된 온갖 원소들도 우주 공간으
로 퍼져 나갑니다. 이 원소들이 다양하게 결합하면서 많은 분자들
이 만들어졌고, 이 분자들이 결국 강아지와 사람, 행성 등 만물을
만드는 기본 재료가 되었지요. 초신성 폭발의 결과로 우리은하에는
에스키모성운(NGC 2392)과 고양이눈성운(NGC 6543)처럼 아름다
운 행성상 성운이 많이 있어요.

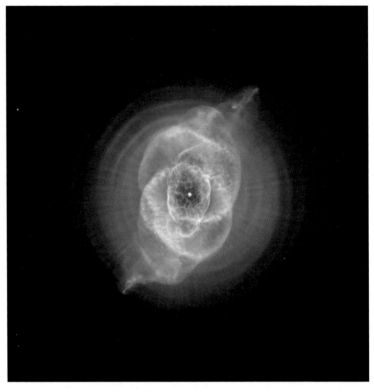

고양이눈성운도 초신성 폭발에서 생겨난 행성상 성운이에요.

태양계

약 50억 년 전에 지금 태양계가 위치한 우주 공간에서 가스와 먼지
가 가득 찬 성운이 발달했어요. 가스의 주성분은 수소와 헬륨이었
고, 먼지 속에는 초신성이 폭발할 때 우주 공간으로 뿜어져 나온 탄
소와 산소, 질소, 철 같은 원소가 많이 들어 있었어요. 그 성운은 이
제 사라졌지만, 사라지기 전에 거기서 태양이 태어났어요.

태양계

명왕성

해왕성

천왕성

토성

목성

세레스

화성

지구

금성

수성

태양계도 우리은하와 비슷한 방식으로 생겨났어요. 거대한 가스와 먼지 구름이 빙빙 돌면서 쟁반처럼 납작하게 변해 갔지요. 물질들 사이에 서로 끌어당기는 중력이 작용해 대부분의 물질은 원반 중심부에 모여 태양이 되었어요. 나머지 물질은 태양 주위에 원반 모양으로 늘어섰는데, 이것을 원시 행성 원반이라 불러요.

갓 태어난 태양이 빙빙 돌자, 그 중력 때문에 원시 행성 원반도 태양을 따라 그 주위를 빙빙 돌았지요. 원반 안에서 가스 분자들과 먼지 입자들이 서로 충돌하면서 들러붙어 작은 덩어리가 되었고, 중력 때문에 이 덩어리들이 계속 들러붙으면서 점점 더 큰 덩어리로 변해 갔어요. 이 덩어리들이 조약돌과 암석으로 커져 가다가 결국에는 행성과 위성, 소행성, 혜성이 만들어졌지요. 이 천체들은 대부분(혜성은 제외하고) 같은 평면 위에서 같은 방향으로 태양 주위를 도는데, 모두 같은 원시 행성 원반에서 생겨났기 때문이지요.

태양계는 우리은하의 나선팔 중 하나에 있어요. 정확하게는 오리온팔이라는 나선팔 위에서 은하 가장자리 쪽으로 약간 치우친 지점에 있어요. 태양계는 은하 중심의 블랙홀에서 약 2만 5000광년 거리에 있어요. 우리은하는 우주 공간에서 천천히 회전하고 있어요. 태양계가 우리은하를 한 바퀴 도는 데에는 약 2억 2600만 년이 걸리는데, 이것을 1은하년이라고 불러요. 태양계 중심에 있는 별을 우리는 태양이라고 불러요.

태양

별은 짧게는 수백만 년, 길게는 수백억 년을 살 수 있어요. 큰 별일수록 연료가 빨리 타기 때문에 수명이 더 짧아요. 태양은 중간 크기의 평균적인 별로, 약 50억 년 전에 태어났어요. 과학자들은 태양이 앞으로도 50억 년은 더 빛을 뿜어내며 존재할 것이라고 예상합니다. 50억 년이라면 어마어마하게 긴 시간이지요.

태양은 단단한 고체 덩어리가 아니에요. 전체 구성 물질 중 90%는 수소(H), 10%는 헬륨(He)으로 이루어져 있어요. 다른 별들과 마찬가지로 태양 역시 핵융합 반응을 통해 열과 빛을 내어요. 태양은 엄청나게 많은 기체가 모여 있기 때문에 중심부의 압력과 온도가 엄청나게 높아서 수소 원자핵들이 융합해 헬륨 원자핵으로 변하는 핵융합 반응이 일어납니다.

이 핵융합 반응에서 열과 빛의 형태로 에너지가 나와요. 태양은 아주 크고, 내부에서는 핵융합 반응이 격렬하게 일어나고 있어요. 중심부에서 생겨난 광자가 태양 표면까지 나오려면 수많은 원자들과 충돌하면서 흡수되었다가 방출되는 과정을 수없이 거쳐야 하기 때문에 약 100만 년이나 걸릴 수 있어요. 일단 태양 표면에 도달한 광자는 빛의 속도로 달려 8분 20초 뒤에 지구에 도착해요.

태양에서 뿜어져 나오는 입자들

태양 표면은 많은 활동이 일어나면서 부글거리고 있어요. 뜨거운 기체가 부글거리며 돌아다니고, 때로는 하늘 높이 치솟아 오르기도 해요. 태양 흑점은 이미 17세기에 갈릴레이가 발견했어요. 오늘날 흑점은 그 부분의 기체가 주변 지역보다 온도가 낮아서 어두워 보이는 지역이라는 사실이 밝혀졌어요. 가끔 태양 표면 위의 대기층에서 기체가 폭발하는 현상인 태양 플레어가 일어납니다. 또, 불타는 기체가 표면에서 고리 모양으로 솟구쳐 오르기도 하는데, 이것을 홍염이라고 불러요. 이런 태양 활동이 발생하면, 태양에서 큰 에너지를 가진 입자들이 많이 뿜어져 나와 지구에 큰 영향을 미쳐요. 심한 경우에는 정전이 일어나거나 위성 신호와 전파 신호를 교란하여 텔레비전이나 인터넷, 항공기 운항에 지장을 초래할 수 있어요.

태양에서 뿜어져 나오는 하전 입자*들의 흐름을 태양풍이라고 해요. 태양풍은 지구를 지나 태양계 가장자리를 향해 뻗어 나가지요. 지구 대기권으로 들어온 이 입자들이 극지방 상공에서 공기 중의 분자나 원자와 충돌하면 빛을 내면서 밤하늘을 신비롭고 아름다운 색의 빛으로 물들이는데, 이것을 오로라라고 불러요. 북극 지방 하늘에 나타나는 오로라는 북극광, 남극 지방 하늘에 나타나는 오로라는 남극광이라고 하지요.

햇빛 중에는 지구에 사는 생물에게 해로운 자외선도 포함돼 있어요. 다행히도 대기권에는 오존층이 있어서 자외선을 대부분 흡수해

***하전 입자** 전하를 띤 입자.

우리를 보호해 주어요. 오존(O_3)은 산소 원자 세 개로 이루어진 기체 분자예요. 비록 오존층이 자외선을 차단하긴 하지만, 그래도 일부 자외선은 대기를 통과해 지표면에 도달하기 때문에, 햇빛이 강한 날에 야외 활동을 할 때에는 자외선 차단제를 바를 필요가 있어요.

행성과 위성, 소행성의 탄생

원시 행성 원반은 갓 태어난 태양 주위에서 점점 더 빨리 돌았어요. 수소(우주에서 가장 풍부한 원소) 중 대부분은 상당량의 헬륨과 함께 태양으로 끌려들어 갔어요. 초신성에서 나온 나머지 원소들은 태양 주위를 도는 원시 행성 원반에 포함되었어요. 탄소와 산소, 규소, 질소, 철 같은 원소들은 서로 충돌하면서 먼지 입자가 되었고, 먼지 입자들이 서로 들러붙어 더 큰 덩어리가 되었어요. 닐은 '덩어리'라는 말이 근사한 과학 용어가 아니라고 생각하지만, 어쨌든 실제로 일어난 일을 묘사하기에는 적절한 단어예요.

그렇게 해서 점점 커진 덩어리들이 행성 여덟 개와 그 위성들, 여러 왜행성, 많은 소행성, 수많은 혜성이 되었지요. 기본적으로 태양계는 태양을 중심으로 태양 가까이에서 궤도를 도는 작은 암석 행성 네 개와 그 바깥쪽에서 궤도를 도는 거대 기체 행성 네 개로 이루어져 있어요. 거대 기체 행성은 주성분이 기체이긴 하지만, 그 중심에는 단단한 암석질 핵이 있어요.

중력은 물체들 사이에 서로 끌어당기는 힘이에요. 물체가 무거울수록 중력의 세기가 더 강해요. 태양은 나머지 행성들을 모두 합친 것보다 100배는 더 무거워요. 그래서 모든 행성은 태양의 중력에 붙들려 태양 주위의 궤도를 돌아요. 각 행성의 상태와 환경은 태양에서의 거리에 따라 달라요. 태양에서 가까운 행성은 더 빨리 궤도를 돌고, 더 따뜻하고, 햇빛도 더 많이 받아요.

태양계에서 스스로 빛을 내는 천체는 태양 하나뿐이에요. 물론 밤하늘의 별들도 스스로 빛을 내지만, 별들은 태양계 밖에 있어요. 그런데 별빛이 왜 깜빡이는지 그 이유를 아세요? 별빛은 아주 먼 곳에서 날아와 지구의 대기를 지나오는데, 대기는 가만히 있지 않고 흔들리기 때문에 대기를 지나오는 별빛이 깜박이는 것으로 보여요. 그런데 햇빛을 반사해 빛나는 행성의 빛은 왜 깜빡이지 않을까요? 그것은 행성은 비교적 가까운 거리에 있어서 밤하늘에서 별처럼 점이 아니라 작은 원반처럼 보이기 때문이에요. 그래서 별처럼 아주 가느다란 빛줄기로 날아오는 게 아니라, 그보다 넓은 빛줄기로 날아오기 때문에 대기의 흔들림에 큰 영향을 받지 않아요.

태양계는 약 50억 년 전에 가스와 먼지 구름(성운)에서 생겨났어요. 그 성운은 더 이상 존재하지 않지만, 그 성운에 있던 원소들은 우리 자신을 포함해 태양계에 있는 모든 것을 만드는 기본 재료가 되었어요. 이어지는 두 장에서는 태양계의 행성들을 더 자세히 살펴보고, 초신성에서 나온 원소들이 결국 어떻게 되었는지 알아보기 위해 그 원소들이 어떤 변화를 겪었는지 추적해 보기로 해요.

제6장

먼지에서 태어난
암석 행성

달에서 본 지구돋이 장면. 아폴로 8호 우주 비행사들이 찍은 사진

달 표면이 반반하고 매끈한 게 아니라, 지구 표면처럼 거칠고

울퉁불퉁하며, 곳곳에 돌출부와 깊은 틈과 구불구불한 주름이

널려 있다는 사실을 누구든지 오감을 통해 확실히 이해할 것이다.

−갈릴레오 갈릴레이, 『별의 메신저 *Sidereus Nuncius*』, 1610년

수성

수성은 태양계에서 안쪽 궤도를 도는 네 개의 암석 행성 중 태양에 가장 가까운 행성이고, 태양계에서 가장 작은 행성이에요. 수성을 영어로는 머큐리(Mercury)라고 하는데, 로마 신화에 나오는 전령의 신인 메르쿠리우스(Mercurius)의 이름에서 땄어요. 수성이 태양 주위를 아주 빨리 돌기 때문에(88일 만에 한 바퀴씩) 전령의 신 이름을 붙인 것이지요. 닐은 액체 금속인 수은 이름도 같은 신의 이름에서 딴 것이라고 말해요. 수은도 영어로는 머큐리(mercury)라고 하거든요. 수성은 태양에서 아주 가깝기 때문에, 해가 비치는 쪽의 표면 온도는 지구보다 열한 배나 뜨거워요.

수성은 달보다 약간 더 크고, 달과 닮은 점이 많아요. 달처럼 표면에 크레이터가 많이 널려 있는데, 많은 유성체가 충돌해 생겨났지요. 또, 수성은 달처럼 대기가 없어서 풍화나 침식 작용이 일어나지 않으므로 크레이터들이 처음 생긴 모양 그대로 아무 변화 없이 남아 있어요. 수성에는 위성이 없어요.

늘 태양에 가까이 붙어 있는 수성은 강한 햇빛 때문에 망원경으

많은 크레이터가 널려 있는 수성

로 관측하기가 힘들어요. 그래서 수성을 자세히 관측하기 위해 무인 우주 탐사선을 여러 대 보냈어요. NASA가 2011년에 보낸 메신저호는 수성 주위의 궤도를 돌면서 관측한 자료를 지구로 보내왔어요. 천체물리학자들은 수성의 북극 지역이 얼음으로 덮여 있다는 사실을 알아냈어요. 초신성 폭발에서 나온 산소 원자가 수소 원자 두 개와 결합하여 물 분자(H_2O)가 되었어요. 그리고 영원히 햇빛이 비치지 않는 수성의 북극 지역에서는 그 물이 얼음 상태로 남게 되었어요.

금성

가장 가까운 이웃 행성인 금성은 지구와 자매 행성이라고 불릴 만큼 비슷한 점이 많아요. 영어 이름인 비너스(Venus)는 로마 신화에 나오는 사랑의 여신 이름에서 딴 것이에요. 금성은 우선 크기가 지구와 비슷해요. 금성은 수성처럼 위성이 없어요. 금성과 지구 사이의 거리는 가장 가까울 때에 약 4100만 km나 되지만, 금성은 밤하늘에서 달 다음으로 가장 밝게 빛나기 때문에 쉽게 찾을 수 있어요. 1년 중 시기에 따라 금성은 해 뜨기 전 새벽의 동쪽 하늘이나 해 진 후 초저녁의 서쪽 하늘에서만 볼 수 있어요.

금성이 아주 밝게 빛나는 이유는 금성을 뒤덮고 있는 두꺼운 구름층이 햇빛을 잘 반사하기 때문이에요. 이 두꺼운 구름층 때문에 지구에서는 망원경으로 보아도 금성 표면을 볼 수 없어요. 또, 처음에 금성으로 보냈던 무인 우주 탐사선들은 짙은 대기의 높은 압력과 온도 때문에 부서지고 말았어요. 2006년에 유럽우주기구(ESA)가 발사한 비너스 익스프레스호가 지금 금성 주위의 궤도를 돌면서 금성 표면을 찍은 사진들을 보내오고 있어요.

두꺼운 구름으로 뒤덮여 있는 금성

　금성의 대기는 이산화탄소가 주성분이에요. 과학자들은 금성에
도 처음에는 물과 바다가 있었을 거라고 생각해요. 하지만 얼마 지
나지 않아 강한 태양열 때문에 물이 모두 증발한 것으로 보여요. 물
분자에서 떨어져 나온 산소 원자는 화산*에서 나온 탄소 원자와 결

합하여 이산화탄소(CO_2) 분자가 되어 대기를 가득 채우게 되었어요. 금성에는 지금도 활동을 하는 화산들이 있을지도 몰라요.

대기 중의 이산화탄소 농도가 높아지자, 금성에서는 폭주 온실 효과가 나타나게 되었어요. 온실 유리는 햇빛은 통과시키는 반면, 온실 안의 열이 밖으로 나가지 못하게 막아요. 이러한 온실 효과는 식물에게는 좋을지 몰라도, 행성에는 좋지 않아요. 금성에서는 이 온실 효과가 거침없이 일어나면서(그래서 폭주 온실 효과라 불러요) 대기 중의 이산화탄소 농도가 더욱 높아졌고, 결국에는 두꺼운 황산(H_2SO_4) 구름까지 금성 전체를 뒤덮게 되었어요. 금성은 수성보다 태양에서 더 멀지만, 폭주 온실 효과 때문에 수성보다 더 뜨거워요.

닐은 금성의 온실 효과가 우리에게 중요한 교훈을 준다고 생각해요. 석유와 석탄 같은 화석 연료를 더 많이 태우면, 대기 중으로 이산화탄소를 더 많이 배출하게 되어요. 대기 중의 이산화탄소 농도가 높아지면, 기온이 올라가 지구 전체에 큰 기후 변화가 일어날 수 있어요. 닐은 지구가 금성처럼 물이 전혀 없고 '용광로처럼 뜨거운' 세상으로 변하지 않길 바랍니다.

지구

지구는 태양계의 행성들 중 과학자들이 가장 잘 아는 행성이에요.

＊금성에서는 과거에 화산 활동이 활발했던 것으로 보이며, 지금도 화산 활동이 일어나고 있다는 증거를 우주 탐사선이 발견했어요.

지구는 우리에게 아주 특별한 행성이기도 한데, 지금까지 알려진 바로는 우주에서 생명이 사는 곳은 지구뿐이기 때문이지요. 지구를 영어로는 '어스(Earth)'라고 하는데, '땅'이란 뜻의 고대 영어 단어 '어사(ertha)'에서 유래했어요. 지구는 태양계에서 안쪽 궤도를 도는 암석 행성들 중 가장 크고, 태양에서 약 1억 5000만 km 떨어져 있어요. 지구는 태양과의 거리가 적당해 물이 액체 상태로 존재할 수 있는 '생명체 거주 가능 영역'에 위치하고 있어요. 과학자들은 이 영역을 '골디락스 영역'이라고 부르기도 해요.* 약 38억 년 전에 생명이 탄생할 수 있었던 이유는 지구의 온도가 너무 뜨겁지도 너무 차갑지도 않고 딱 적당하기 때문이에요.

우리가 알고 있는 모든 생명체는 발달하고 살아남으려면 액체 상태의 물이 필요해요. 지구의 물 중 상당량은 태양계가 생성된 직후에 얼음 혜성들이 지표면에 충돌해 녹으면서 생겼어요. 그리고 화산 분화에서 뿜어져 나온 증기와 기체에서 공기와 물이 생겼어요.

대부분의 생명체를 이루는 네 가지 주요 원소는 수소, 탄소, 질소, 산소예요. 이 원소들은 헬륨 다음으로 우주에서 가장 풍부한 원소들이에요. 이 원소들은 별 속에서 만들어졌다가 초신성 폭발 때 우주 공간으로 퍼져 나간 뒤에 태양계 원반으로 흘러들어 왔어요. 이 원소들은 철과 함께 우리가 살아가는 데 꼭 필요해요. 산소

*영국 전래 동화 『골디락스와 곰 세 마리』에서 주인공 소녀는 곰이 끓인 뜨거운 수프와 차가운 수프, 적당한 수프 중에서 적당한 수프를 먹고 기뻐하는데, 이 이야기에서 따온 이름이에요.

와 탄소는 서로와 그리고 그 밖의 많은 원소와 쉽게 결합해 생명체를 이루는 기본 재료들을 만들어 내요. 우리는 숨을 쉴 때 공기 중의 산소를 들이마십니다. 별에서 만들어진 철은 지구의 핵을 이루는 주요 성분인 동시에 우리의 혈액 속에서 온몸으로 산소를 날라주는 일을 해요. 물론 산소는 수소와 결합하여 물도 만들지요.

물은 우주 곳곳에 있지만, 주로 언 상태로 존재해요. 과학자들은 다른 천체에서 생명이 탄생하려면 액체 상태의 물이 꼭 필요하다고 생각합니다. 천체물리학자들은 먼 별 주위를 돌고 있는 외계 행성들 중에서 골디락스 행성을 찾으려고 애쓰고 있어요. 태양계의 다른 행성이나 위성에서 생명체를 발견하지 못한다 하더라도, 닐은 다른 별 주위의 어느 생명체 거주 가능 영역에 생명체가 존재할 것이라고 생각해요.

지구는 태양 주위를 시속 10만 7000km의 속도로 돌고 있어요. 그러면서 시속 1600km의 속도로 자전도 하고 있지요.(시속 1600km는 적도에서 측정한 속도이고, 극 쪽으로 갈수록 속도가 줄어들어요.) 지구가 이렇게 빠른 속도로 도는데도 우리가 그것을 느끼지 못하는 이유는 자전이 일정한 속도로 일어날 뿐만 아니라, 공기도 우리와 함께 돌기 때문이에요. 그리고 중력이 우리를 지구에 꽉 붙들고 있어서 자전이나 공전 때문에 우리가 우주 공간으로 날아갈 염려는 없어요.

지구는 1월에 태양에 가장 가까워지고, 7월에 가장 멀어져요. 하

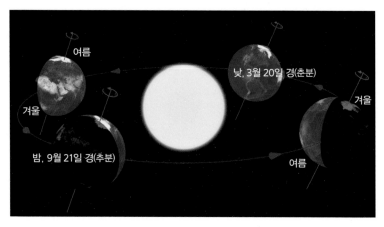

여름

낮, 3월 20일 경(춘분)

겨울

겨울

밤, 9월 21일 경(추분)

여름

지구의 자전축 기울기 때문에 일어나는 계절 변화

지만 계절 변화가 일어나는 이유는 이 때문이 아니에요. 지구의 자전축(북극점과 남극점을 잇는 가상의 직선)은 공전 궤도면에 대해 직각으로 서 있는 게 아니라, 23.5° 기울어져 있어요. 그래서 북반구가 태양에서 먼 쪽으로 기울어질 때에는 북반구가 겨울이 되고, 북반구가 태양에 가까운 쪽으로 기울어질 때에는 북반구가 여름이 되어요. 반면에 남반구는 북반구와 계절이 정반대로 나타납니다.

지구 주위에는 위성이 하나 있는데, 바로 달이에요. 달은 지구의 중력에 붙들려 다른 곳으로 날아가지 않고 지구 주위를 돌고 있어요. 달은 지구에 비하면 지름이 4분의 1밖에 되지 않지만, 거리가 가깝기 때문에 그 중력은 지구에 상당한 영향을 미칩니다. 바닷가에 가면 밀물과 썰물이 일어나는 것을 볼 수 있는데, 이것도 바로 달의 중력(물론 태양의 중력도 영향을 미쳐요) 때문에 일어나는 현상이에요.

닐이 아주 좋아하는 사진 중 하나는 아폴로 8호*의 우주 비행사들이 찍은 사진이에요. 아폴로 8호는 최초로 사람을 태우고 달 주위의 궤도를 돌고 온 우주선이에요. '지구돋이'라고 부르는 이 사진에는 지구의 바다와 육지, 구름이 선명하게 나타나 있어요. 이 사진은 나라들이 국경으로 서로 분리되지 않은 하나의 세계를 보여 주어요. 1960년대에 찍은 이 사진은 사람들에게 지구를 잘 돌보아야 할 필요성을 일깨워 환경 운동을 시작하게 하는 계기가 되었어요.

달

우리는 하늘에서 늘 보이는 달을 당연한 것으로 여겨요. 하지만 달은 지구에 사는 우리에게 아주 중요해요. 달은 바다의 조석에 영향을 미칠 뿐만 아니라, 지구가 안정적으로 자전을 하도록 도와요. 만약 달이 없다면, 지구는 불안하게 뒤뚱거리면서 자전을 할 거예요. 달의 위상 변화*는 농부들에게 작물을 심는 시기를 알려 주고, 일부 동물의 생활 주기를 지배해요. 달빛은 낭만적인 분위기를 연출하기도 하지만, 아주 밝은 보름달의 달빛은 망원경 관측을 방해해

---

*아폴로 8호는 1968년에 발사된 NASA의 유인 우주선으로, 최초로 달 주위를 돌고 돌아왔어요. 그리고 아폴로 11호는 1969년에 최초로 인간을 달에 착륙시킨 우주선이에요. 이 임무들에 대해 더 자세한 것을 알고 싶다면, NASA의 웹사이트에서 아폴로 계획을 설명한 부분을 찾아 읽어 보세요. http://www.nasa.gov/mission_pages/apollo/missions.

*달의 위상 변화 달이 신월, 초승달, 상현달, 보름달, 하현달, 그믐달로 변하는 것을 말해요.

달의 위상 변화 (© DeclanTM, Nigel Howe)

요. 우주여행을 꿈꾸던 사람들은 맨 처음 방문해야 할 지구 밖 세계를 달로 정했어요.

1969년, 미국의 우주 비행사 닐 암스트롱(Neil Armstrong)은 아폴로 11호를 타고 달을 방문해 역사상 최초로 달 표면을 밟았어요. 1972년 이후로 사람이 달을 방문한 것은 다섯 차례밖에 없었고, 그 이후로는 아무도 달 표면을 밟지 않았어요. 대신에 로봇을 달에 보내 추가 탐사 작업을 했어요. 달을 밟은 우주 비행사들은 나이가 30억~45억 년이나 되는 월석들을 채취해 지구로 가져왔어요. 만약 우주 비행사가 다시 달을 방문한다면, 초기의 지구에 관한 수수께끼를 푸는 데 단서를 제공할 암석을 더 많이 채취할 수 있을 거예요. 과학자들은 달이 어떻게 생겨났는지 그 비밀을 알아내기 위해 달에서 채취해 온 암석들을 가지고 아직도 연구를 계속하고 있어요.

달이 어떻게 탄생했는지 설명하는 가설은 여러 가지가 있어요. 현재 가장 유력한 가설은 거대 충돌 가설이에요. 태양계가 막 탄생한 초기에는 우주 공간에 많은 천체들이 떠다니고 있었어요. 천체 물리학자들은 약 45억 년 전에 화성만 한 크기의 천체가 지구와 충돌했다고 생각해요. 거대 충돌 가설은 이때 지구에서 떨어져 나간 파편들과 충돌한 물체가 우주 공간에서 합쳐져 달이 되었다고 주장해요.

달을 가리키는 영어 단어 '문(moon)'은 '한 달'을 뜻하는 고대 영어 단어에서 유래했어요. 이것은 적절한 이름으로 보이는데, 달은 약 29.5일마다 지구 주위를 한 바퀴 돌고, 음력은 이 시간을 기준으로 만들어졌기 때문이에요. 달은 지구에서 약 38만 km나 떨어져 있지만, 맨눈으로도 달 표면의 여러 가지 특징을 볼 수 있을 만큼 충분히 가까워요. 달 표면에서 어두운 지역은 '바다'라고 부르는데, 초기에 달을 관측한 사람들이 그곳을 물이 고여 있는 바다라고 생각했기 때문이에요. 실제로는 이 지역들은 마른 평원이에요. 그리고 밝은 지역은 고원 지대예요. 어쨌든 이렇게 밝고 어두운 지역들이 빚어내는 형태를 세계 각 지역의 문화에 따라 토끼로 보기도 하고, 사람 얼굴로 보기도 했어요.

달 표면에는 크레이터가 많이 널려 있어요. 크레이터는 우주 공간을 떠도는 소행성이나 큰 암석이 달 표면에 충돌하여 생긴 큰 구덩이인데, 달에는 공기와 바람이 전혀 없어 세월이 흘러도 크레이터의 흔적이 지워지지 않고 그대로 남아요. 과학자들은 햇빛이 도달하지 않을 만큼 깊은 크레이터에는 물이 언 상태로 남아 있을 것이라고 생각해요. 이 얼음은 장차 우리가 달에서 살아갈 기지를 만들 때 큰 도움이 될 거예요.

달은 늘 똑같은 한쪽 면을 지구로 향한 채 지구 주위를 돌아요. 그래서 달은 지구 주위를 한 바퀴 도는 동안 자동적으로 한 바퀴 자전하게 되어요. 우리에게 보이지 않는다고 해서 달의 뒷면이 완전히 캄캄한 어둠 속에 있는 것은 아닌데, 그곳에도 햇빛이 비치기 때문이지요. 달의 뒷면은 바다가 많은 앞면에 비해 산이 많고 지형도 훨씬 더 울퉁불퉁해요. 닐은 달을 좋아하는데, 닐이 쌍안경으로 맨 처음 관측한 천체가 달이기 때문이에요. 갈릴레이가 망원경으로 맨 처음 관측한 천체도 바로 달이었지요. 닐은 달의 뒷면은 우주를 관측할 망원경을 설치하기에 최적의 장소라고 생각해요. 그곳에서는 우주의 모습이 지구에서 보는 것보다 훨씬 선명하게 보이니까요.

태양계에서 가장 큰 위성은 달이 아니에요. 목성과 토성의 위성

달

중에서 달보다 큰 것이 네 개*나 있어요. 하지만 모행성의 크기와 비교한 상대적 크기로 따진다면, 달이 가장 커요. 밤하늘에서 가장 밝게 빛나는 이 천체에 대한 탐사는 아직 다 끝나지 않았어요. 장래에 달은 우리에게 소중한 광물 자원과 휴가지 또는 화성 여행을 위

*달보다 큰 위성은 목성의 위성인 가니메데, 칼리스토, 이오, 그리고 토성의 위성인 타이탄이에요.

한 훌륭한 발사 기지를 제공할지 몰라요. 여러분도 언젠가 달을 여행해 달에 지은 호텔에서 묵고 싶지 않나요?

화성

금성이 우리의 자매 행성이라면, 화성은 우리의 형제라고 부를 수 있어요. 화성의 지름은 지구의 절반 정도예요. 화성은 태양에서 약 2억 2800만 km나 떨어져 있어서 태양 주위를 한 바퀴 도는 시간이 약 687일로, 지구보다 훨씬 길어요. 화성의 영어 이름은 '마스(Mars)'인데, 로마 신화에 나오는 전쟁의 신 마르스(Mars)에서 딴 이름이에요. 옛날 천문학자들이 화성의 붉은색에서 핏빛을 연상하고 이런 이름을 붙였지요. 실제로 화성 표면도 붉은색으로 보이는데, 표면에 산화철(녹이 바로 산화철이에요) 성분이 많이 포함돼 있기 때문이에요.

화성에는 달과 비슷하게 반반한 평원 지역과 운석이 충돌해 생긴 크레이터가 도처에 널려 있어요. 하지만 깊은 계곡과 높은 화산도 있어요. 마리네리스 협곡은 지구의 그랜드캐니언보다 더 길고 깊어요. 사화산인 올림푸스 산은 에베레스트 산보다 세 배나 높고, 태양계 전체에서 가장 높은 산이에요. 화성에는 포보스와 데이모스라는 두 위성이 있는데, 아마도 옆을 지나가던 소행성이 화성의 중력에 붙들려 위성이 되었을 거예요.

지금은 춥고 먼지만 휘날리는 황량한 장소이지만, 수십억 년 전

화성. 우리의 다음번 목적지?

에는 화성에도 생명이 살았을지 몰라요. 말라붙은 도랑과 강바닥 위로 한때 물이 흘렀다는 증거가 있어요. 그 많은 물이 어디로 갔는지는 수수께끼로 남아 있어요. 바닷물은 오래전에 증발해 버렸지만, 일부 물은 땅속의 영구 동토층이나 북극과 남극의 빙관에 얼음으로 남아 있을지 몰라요. 옛날에는 화성에도 많은 대기가 있었지만, 지금은 대부분 사라지고 없어요. 남아 있는 것이라곤 약간의 이산화탄소(CO_2)뿐이에요.

왜 큰 천체들은 둥글까?

모든 별은 둥글어요. 행성으로 인정받는 천체도 반드시 둥글어야 해요. 닐은 물체의 형태 중 구 모양이 가장 효율적이라고 말합니다. 중력은 중심에서 같은 거리에 있는 모든 물체를 똑같은 힘으로 끌어당겨요. 그래서 모든 물질을 중심에 최대한 가까이 배열하려면 그 형태는 구가 될 수밖에 없어요. 태양계의 행성들과 큰 위성들은 모두 둥근 모양을 하고 있어요. 알려진 소행성 중에서 가장 큰 베스타와 케레스(케레스는 지금은 왜행성으로 분류됨)도 둥글어요. 작은 위성과 그 밖의 소행성들은 중력이 약해서 불규칙한 모양을 하고 있어요. 우리은하 같은 나선 은하는 처음에 생겨났을 때에는 구형이었어요. 하지만 은하가 빠른 속도로 회전하면서 납작하게 펼쳐졌지요. 닐은 관측 가능한 우주도 구형일 거라고 생각해요.

닐은 화성의 현재 모습은 지구의 물 문제에 대해 경고를 한다고 생각해요. 지구 상의 일부 지역은 주민이 쓸 민물이 충분하지 않아요. 따라서 물이 얼마나 소중한지 깨닫고, 화성처럼 지구에서 물이 말라붙는 일이 일어나지 않도록 신경 쓸 필요가 있어요.

화성의 초기 조건은 생명이 탄생하기에 적절했을지 모르지만, 과학자들은 질소와 수소, 산소, 탄소 원소의 결합으로 이루어진 생명체의 형태를 전혀 발견하지 못했어요. 그래도 우주과학자들은 포기하지 않고 화성에서 생명의 증거를 찾으려고 애쓰고 있어요.

지구에서도 가끔 화성의 암석을 발견할 수 있는데, 화성에서 우주 공간으로 튀어나온 암석이 운석이 되어 지구에 떨어진 것이에요. 화성 표면에 소행성이나 운석이 충돌할 때, 표면의 암석이 중력을 뿌리치고 우주 공간으로 튀어나갈 수 있어요. 그중 일부가 우주 공간을 떠돌다가 지구의 중력에 끌려 지표면에 떨어지는 것이지요. 범종설 또는 배종 발달설이라는 가설이 있는데, 이것은 지구의 생명체가 지구 자체에서 생겨난 것이 아니라, 외계에서 생명의 씨 또는 포자가 날아와 생겼다고 주장해요. 그중에는 화성에서 작은 생명 입자들이 운석에 실려 날아왔다는 주장도 있어요. 작은 입자 대신에 작은 녹색 인간의 모습을 한 화성인이 지구를 방문한다는 개념은 SF 소설과 영화에서 인기 있는 주제였지요. 닐은 생명체가 7800만 km나 되는 우주 공간을 여행하는 과정에서 살아남을 수 있다고 생각하지 않아요. 지구에서 생명이 시작되었다는 증거는 얼마든지 있지만, 닐은 범종설을 확인하기 위해서라도 화성에 가서 자세히 조사할 필요가 있다고 생각해요.[*]

화성은 사람들이 가장 많이 조사하고 연구한 행성이에요. 하지

---

[*] 범종설은 닐이 쓴 자서전 『하늘은 끝이 아니다 *The Sky Is Not the Limit*』(Amherst, NY: Prometheus Books, 2004)에 자세한 설명이 나와요.

만 지금까지 화성을 방문한 사람은 아무도 없어요. 화성 여행은 미래의 꿈으로 남아 있어요. 대신에 1970년대부터 과학자들은 로봇 탐사선을 여러 차례 화성에 보냈어요. NASA의 마스 글로벌 서베이어호는 1996년에 화성 주위의 궤도를 돌면서 지금은 말라붙었지만 오래전에 물이 흘러간 흔적이 남아 있는 도랑을 발견하고, 남극에서 서리 사진을 찍는 등 놀라운 것을 많이 발견했어요. 불행하게도 마스 글로벌 서베이어호는 2006년에 배터리가 다 되는 바람에 더 이상 정보를 보내지 못해요. 2004년에 NASA는 화성 탐사 로버 계획에 따라 탐사 로봇 차량 스피릿호와 오퍼튜니티호를 화성으로 보냈어요. 이 탐사 로봇 차량들은 화성 표면 위를 돌아다니면서 물과 생명의 단서를 찾으려고 애썼어요. 스피릿호는 2011년에 모래에 박히는 바람에 더 이상 정보를 보내지 못하게 되었어요. 2019년에 오퍼튜니티호도 화성의 모래 폭풍으로 교신이 중단되었어요.

2012년에 NASA는 화성 과학 실험실(Mars Science Laboratory)이라는 흥미로운 화성 탐사 계획을 시작했어요. NASA는 이 계획에 따라 탐사 로봇 차량인 큐리오시티호가 낙하산을 타고 화성 표면에 안전하게 착륙하는 장면을 보여 주었어요.* 큐리오시티호는 정말로 옛날에 화성 표면에 물이 존재했다는 증거를 발견했어요. 현재 큐리오시티호는 과거에 존재했거나 현재 존재하는 생명의 증거를

---

*큐리오시티호가 화성에 착륙하는 장면은 NASA/제트추진연구소의 웹사이트에서 2012년 8월 6일에 게시한 "Curiosity Has Landed"라는 비디오에서 볼 수 있어요.

찾기 위해 암석과 토양을 분석하는 작업을 계속하고 있어요.

우주 공간을 떠도는 암석

소행성: 행성보다는 작지만 유성체보다는 큰 암석질 또는 금속질 물체.

유성체: 대개 폭이 1m 미만으로 소행성보다 작은 암석질 또는 금속질 물체.

유성: 유성체나 소행성이 지구 대기권으로 들어와 불타면서 밝게 빛나는 물체.

운석: 소행성이나 유성체가 지구 대기권을 지나면서 다 타 없어지지 않고

그 잔해가 땅에 떨어진 것.[*]

[*]유성을 보거나 운석을 발견했다고 생각한다면, 미국유성협회 사이트를 방문해 보세요.
http://www.amsmeteors.org.

소행성

소행성대는 화성과 목성 사이의 넓은 우주 공간에 자리 잡고 있어요. 이곳에서는 콩만큼 작은 것부터 왜행성만큼 큰 것에 이르기까지 다양한 크기의 소행성 수백만 개가 태양 주위의 궤도를 돌고 있어요. 사실, 여기에 있는 소행성들은 전부 합치면 행성을 하나 만들고도 남지만, 목성이 끌어당기는 강한 중력이 소행성들끼리 서로 합쳐지는 것을 방해해요.

소행성은 주로 암석으로 이루어져 있지만, 금속으로 이루어진 것도 있고, 금속과 암석이 섞인 것도 있어요. 과학자들은 소행성에 반사돼 나오는 빛을 분석해 그 구성 성분을 알아낼 수 있어요. 암석이

화성과 목성 사이의 소행성대에서 태양 주위의 궤도를 도는 소행성 베스타

나 금속에 섞인 원소의 종류에 따라 반사돼 나오는 빛의 색이 달라
지기 때문이지요. 대부분의 소행성은 울퉁불퉁한 감자처럼 불규칙
하게 생겼어요. 작은 크기 때문에 중력이 약해서 둥근 모양을 유지
하기가 어렵거든요. 하지만 케레스, 베스타, 팔라스, 히기에이아처럼
눈길을 끌 만큼 충분히 큰 소행성도 있어요. 특히 가장 큰 소행성인
케레스는 둥근 모양을 유지할 만큼 충분히 커 얼마 전에 왜행성으

로 분류되었어요.

행성이나 위성과 마찬가지로 대부분의 소행성에도 그리스와 로마 신화에 나오는 신이나 여신 이름이 붙어 있어요. 하지만 예술가나 철학자, 과학자 이름이 붙은 소행성도 일부 있어요. 데이비드 레비(David Levy)와 캐롤린 슈메이커(Carolyn Shoemaker)가 발견한 한 소행성에는 처음에 1994KA라는 이름이 붙었어요. 그랬다가 2000년 11월에 레비와 슈메이커는 닐의 업적을 기려 그 이름을 13123 타이슨(13123 Tyson)으로 바꾸었어요. 닐은 13123 타이슨이 지구 궤도를 가로질러 가는 소행성이 아니라는 사실을 알고 나서 안심했어요. 소행성은 그 수가 너무 많아서 모든 소행성에 일반적인 이름을 붙여 줄 수가 없어요. 그래서 대부분의 소행성에는 일반적인 이름 대신에 번호로 된 이름이 붙어 있어요.

소행성은 소행성대에만 있는 것은 아니에요. 가끔 목성의 중력이 일부 소행성을 끌어당기거나 태양 쪽으로 밀어 소행성대에서 벗어나게 해요. 또, 다른 행성의 중력에 붙들려 위성이 되기도 하는데, 화성의 두 위성을 비롯해 목성과 토성의 많은 위성은 이런 식으로 소행성이 위성이 된 경우예요.

소행성이 우주 공간을 배회하다가 가끔 지구에 충돌하는 일이 일어나기도 해요. 그 궤도가 지구 근처를 지나가는 소행성은 8000개가 넘어요. 지구에 충돌한 소행성 중 가장 유명한 것은 약 6500만 년 전에 멕시코의 유카탄 반도에 충돌한 소행성이에요. 많은 과학자들은 그 충돌에서 솟아오른 먼지가 대기를 뒤덮으면서 공룡을 비롯해 수많은 생물이 멸종하는 사건이 일어났다고 생각해요. 다행히도 대부분의 소행성은 지구에 충돌하지 않고 근처를 스쳐 지나가는 데 그쳐요. 2013년 2월에는 작은 소행성이 러시아 첼랴빈스크 상공에서 폭발하는 일이 일어났어요. 많은 운석이 비처럼 쏟아졌고, 이 폭발의 충격으로 깨진 유리 파편에 1000명 이상이 다쳤어요.

2005년, 미국 의회는 지구에 가까이 다가오는 소행성과 혜성을 비롯해 위험한 우주 물체를 모두 조사해 2020년까지 그 명단을 작성하라고 NASA에 지시했어요. 2007년, NASA는 소행성대의 소행성들을 조사하기 위해 탐사선 돈(Dawn)을 발사했어요. 돈은 2012년에 베스타를 방문했고, 왜행성 케레스의 궤도를 돌며 표면을 관찰했어요. 연료 고갈로 2018년에 돈의 탐사는 멈추었어요.

소행성은 태양계가 탄생하던 무렵부터 존재했기 때문에 일종의 우주 화석으로 볼 수 있어요. 소행성에 포함된 원소들을 조사하면, 태양계의 탄생 과정을 알려 주는 단서를 얻을 수 있어요. 또, 소행성은 광물이 풍부해 광물 자원에 관심을 가진 기업들의 주목을 받고 있어요. 어쨌든 미래에는 소행성의 중요성이 더 높아질 텐데, 더 자세한 이야기는 9장을 보세요.

제7장

얼어붙은 거대 기체 행성

목성과 그 위성 가니메데

> 달이 없는 장엄한 하늘을 올려다보라.
>
> 사냥꾼 오리온이 찬란하게 빛나는 목성의 인도로
>
> 어두워진 하늘을 가로지르면서
>
> 저 높이 솟아 있는 모습을.
>
> —닐 디그래스 타이슨, 2011년 11월 26일자 트윗

목성

나머지 행성들을 모두 합친 것보다 큰 목성은 영어로 주피터 (Jupiter)라고 하는데, 로마 신화에 나오는 최고 신 유피테르(그리스 신화의 제우스에 해당)의 이름에서 딴 것이에요. 목성의 지름은 지구의 열한 배나 될 정도로 커요. 목성은 태양에서 지구보다 다섯 배나 먼 거리에 있기 때문에 태양 주위를 한 바퀴 도는 데 12년이 걸려요. 이렇게 큰 크기 때문에 목성은 태양과 달, 금성 다음으로 하늘에서 네 번째로 밝게 빛나는 천체예요.

목성은 거대 기체 행성이지만, 중심에는 금속과 암석으로 이루어진 작은 핵이 있어요. 목성의 주요 구성 성분은 태양과 비슷하게 수소와 헬륨이에요. 천체물리학자들은 목성이 별이 되려다 실패한 행성이라고 말해요. 목성은 그 크기가 충분히 크지 않아 중심부에서 핵융합 반응이 일어날 만큼 온도와 압력이 충분히 높이 올라가지 못했고, 그 때문에 별이 되지 못했어요.

그런데 목성에서는 우리 눈에 보이지 않는 적외선 복사가 많이

나와요. 사실, 목성은 햇빛에서 받는 것보다 더 많은 에너지를 내놓아요. 한편, 목성을 둘러싸고 있는 자기장에는 많은 고에너지 입자들이 붙들려 있는데, 여기서 나오는 복사가 아주 강해 우주선의 전자 기기를 망가뜨리거나 사람을 죽일 수 있어요. 먼 우주여행에 나선 우주 비행사들이 목성을 지나갈 때에는 이 문제에 대한 해결책을 반드시 마련해야 해요.

목성은 그 크기 때문에 모든 행성 중에서 중력이 가장 강해요. 그래서 목성 주위를 지나가는 혜성이 중력에 끌려 목성에 충돌하거나 진로가 바뀌는 일이 종종 일어납니다. 따라서 우리는 목성의 중력에 고마워해야 해요. 지구를 향해 날아오던 혜성과 우주 쓰레기 중 상당수가 목성의 중력 때문에 진로가 바뀌기 때문이지요.

망원경으로 본 목성의 모습은 아주 아름다워요. 표면 곳곳에는 강한 폭풍이 휘몰아치고 있어요. 목성의 가장 유명한 특징으로 꼽히는 대적점은 그 안에 지구를 두 개나 집어넣을 만한 크기의 폭풍인데, 수백 년 동안 지속되고 있어요.* 대기에는 선명한 색깔의 줄무늬들이 나타나는데, 이 줄무늬들은 어둡고 따뜻한 구름과 가볍고 차가운 구름으로 이루어져 있어요. 목성 주위에는 얇은 고리가 있는데, 고리의 주요 성분은 모래와 먼지 입자예요.

목성의 위성은 2024년 기준, 95개가 되어 태양계에서 두 번째로

---

* 최근에 허블 우주 망원경은 대적점의 크기가 더 작아졌다고 알려 왔어요. 과학자들은 폭풍이 실제로 약해지고 있는지 알아내려고 노력하고 있어요.

많은 위성을 거느리고 있어요. 얼마 전까지만 해도 위성이 가장 많은 행성으로 알려져 있었지만, 새로운 위성이 계속 발견되면서 토성이 그 자리를 빼앗았어요. 목성 주위를 도는 위성이 이렇게 많기 때문에 우주과학자들은 목성을 태양계의 축소판으로 여겨요. 여러분도 망원경으로 보면, 목성의 4대 위성인 갈릴레이 위성을 쉽게 찾을 수 있어요.

우주 탐사선 갈릴레오호가 1995년부터 7년 동안 목성과 그 위성들을 방문했어요. 갈릴레오호는 특별한 사진들을 보내왔고, 또 여러 망원경의 도움을 받아 한 혜성이 목성에 충돌하는 장면을 생생하게 보여 주었어요.[*] 갈릴레오호가 보내온 정보에 따르면, 목성의 일부 위성에 액체 바다가 존재할 가능성이 있어요. NASA는 2011년에 또 다른 탐사선인 주노호를 발사했어요. 태양광 발전에서 동력을 얻는 주노호는 목성 주위를 돌면서 많은 정보를 수집할 거예요.

갈릴레이 위성

갈릴레이 위성은 1610년에 갈릴레오 갈릴레이가 망원경으로 발견한 목성의 4대 위성을 말해요. 이 위성들은 목성과 동시에 생긴 것으로 보여요. 네 위성에는 그리스 신화에서 제우스 신이 사랑했던 네 사람의 이름이 붙어 있어요. 이오와 유로파(그리스어 이름은 에우

[*] 슈메이커-레비 9호 혜성이 목성에 충돌하는 사진들은 'SHIR33N'이 2008년 12월 11일에 올린 'Video IP1 12 Comet Shoemaker-Levy Collides with Jupiter'라는 제목의 유튜브 비디오에서 볼 수 있어요.

로페이지만, 위성 이름은 영어식으로 유로파라고 불러요), 칼리스토는 젊은 처녀였지만, 가니메데(그리스 어 이름은 가니메데스)는 미소년이 었어요. 천문학자들은 다른 위성들에도 제우스가 사랑한 사람이나 요정 이름을 붙였어요.

달보다 조금 더 큰 이오는 태양계에서 화산 활동이 가장 활발한 천체예요. 수백 개의 화산에서 뿜어져 나온 황이 표면을 뒤덮고 있어 이오는 주황색으로 보여요. 이오의 내부는 아주 뜨거운데, 목성과 나머지 갈릴레이 위성들이 양쪽에서 이오를 끌어당겨 많은 열이 발생하기 때문이에요.

유로파는 갈릴레이 위성 중에서 가장 작아요. 우주 탐사선 갈릴레오호는 유로파에서 군데군데 균열이 간 얼음 지각을 발견했는데, 그 아래에 액체 상태의 물로 된 바다가 있을지 몰라요. 목성과 나머지 위성들이 끌어당기는 중력 때문에 발생한 마찰열로 물이 얼지 않고 녹아 있을 가능성이 있어요. 우주과학자들은 지구의 깊은 바다에서 생명을 부양하는 심해 열수 분출공 같은 것이 이오에도 있지 않을까 궁금해해요. 닐은 유로파로 얼음낚시를 가고 싶어 하는데, 자신의 카메라 렌즈 앞에 어떤 종류의 생물이 나타날지 궁금하기 때문이에요. NASA와 유럽우주기구는 유로파를 더 자세히 탐사하기 위해 2020년에 유로파 주피터 스페이스 미션을 발사할 계획을 세웠어요.

가니메데는 태양계에서 가장 큰 위성인데, 심지어 수성과 명왕성보다 큽니다. 만약 가니메데가 목성이 아니라 태양 주위의 궤도를 돌고 있다면 어엿한 행성으로 인정받을 거예요. 가니메데는 탄소를 풍부하게 함유한 암석으로 이루어져 있고, 바깥쪽은 얼음층으로 뒤덮여 있어요.

칼리스토는 4대 위성 중에서 가장 바깥쪽에서 궤도를 돌고 있어요. 칼리스토는 이오와 유로파보다 크고, 수성과 크기가 거의 비슷해요. 칼리스토는 달과 비슷한 모습을 하고 있지만, 크레이터가 훨씬 더 많아요. 유로파와 마찬가지로 칼리스토도 표면 아래에 액체 바다가 존재할 가능성이 있어요.

목성의 나머지 위성들

거대 기체 행성들 주위에서 새 위성들이 계속 발견되고 있어요. 60개 이상에 이르는 목성의 위성 중 대부분은 갈릴레이 위성보다 훨씬 작아요. 아주 작은 위성들은 혜성이나 소행성이 목성 곁을 지나가다가 목성의 중력에 붙들려 위성이 된 것으로 보여요. 목성에 가장 가까운 두 위성 메티스와 아드라스테아는 궤도가 점점 목성에 더 가까워지고 있어 결국에는 목성에 충돌할 것으로 보여요.

닐이 가장 좋아하는 행성, 토성

닐은 아름다운 고리 때문에 토성을 사랑해요.(옥상에서 망원경으로 하늘을 관측하다가 도둑으로 오인받던 상황에서 벗어나는 데 토성이 도움을 준 것도 한 가지 이유이긴 해요.) 토성은 목성과 비슷한 거대 기체 행성이에요. 목성만큼 크진 않지만, 그래도 토성은 그 안에 지구가 700개나 들어갈 정도로 커요. 토성은 태양에서 아주 멀리 떨어져 있어 태양 주위를 한 바퀴 도는 데 약 30년이나 걸려요.

토성은 영어로 '새턴(Saturn)'이라고 하는데, 로마 신화에 나오는 농경과 계절의 신인 사투르누스(Saturnus)에서 딴 이름이에요. 토성은 맨눈으로 볼 수 있는 행성 중 가장 먼 곳에 있어요. 중심의 작은 암석질 핵 주위를 수소와 헬륨이 주성분인 기체층이 두껍게 둘러싸고 있어요. 토성은 목성처럼 화려한 색을 나타내지 않는데, 토성을 뒤덮고 있는 구름층이 더 두껍기 때문이에요.

토성의 고리는 1610년에 갈릴레이가 처음 보았어요. 자신이 만든 소형 망원경으로 토성을 본 갈릴레이는 토성 양쪽에 귀 같은 게 붙어 있는 걸 보았는데(미키 마우스의 모습을 상상해 보세요), 그것을 토성의 두 위성이라고 생각했어요. 하지만 나중에 더 좋은 망원경으로 토성을 관측한 천문학자들은 그것이 위성이 아니라 고리란 사실을 알아냈어요.

토성의 고리들은 토성에서 13만 7000km 바깥까지 뻗어 있지만, 그 두께(높이)는 1.6km 정도밖에 되지 않아요. 토성의 고리는 일곱 개의 주요 고리로 이루어져 있고, 고리들 사이에는 넓은 틈이 있어요. 고리들은 실제로는 가만히 있지 않고 계속 움직이며, 얼음 결정처럼 작은 입자에서부터 빙산만큼 큰 얼음 덩어리에 이르기까지 수

남극 상공에 오로라가 빛나는 토성의 모습

많은 얼음 입자와 덩어리로 이루어져 있어요. 그중 일부는 위성이나 혜성이 부서져 생긴 파편에서 생겼어요. 토성의 강한 중력은 이 파편들이 서로 뭉치지 못하게 방해해요. 고리들 사이에서 토성 주위의 궤도를 도는 작은 위성들도 여러 개 있는데, 프로메테우스와 판도라가 그런 예예요. 이 위성들은 토성의 중력 때문에 고리들과 일정한 간격을 유지하면서 궤도를 돌고 있어요.

닐은 7학년 목공 시간에 토성 램프를 만들었어요. 나무로 만든 토성의 고리를 위아래로 움직이면 불이 켜지거나 꺼지는 램프였지요. 이 특별한 램프는 지금도 닐의 책상 위에 놓여 있는데, 여전히 잘 작동해요.

우주과학자들은 토성의 고리계가 태양계의 행성들을 탄생시킨 태양의 원시 행성 원반 모형과 비슷하기 때문에 토성을 자세히 연구하고 있어요. 1997년에 NASA가 발사한 무인 우주 탐사선 카시니호는 2004년에 토성에 도착했어요. 카시니호는 1695년에 토성의 위성 여러 개와 함께 토성의 고리들 사이에 큰 틈(이것을 '카시니간극'이라고 불러요)이 있다는 것을 발견한 이탈리아 출신의 프랑스 천문학자 조반니 카시니(Giovanni Cassini)의 이름에서 딴 것이에요. 2017년에 카시니호는 토성과 그 고리들 사이를 여행하면서 토성과 인근 위성을 탐사하다가 토성 상공에서 완전 소멸했어요.

토성의 위성들

토성의 고리들도 장관이지만, 과학자들은 그 위성들에 더 큰 흥미를 느껴요. 관측 기술의 발전과 함께 태양계에서 새로운 위성들이 계속 발견되고 있어요. 2024년 기준 태양계에서 위성이 가장 많은 행성은 위성 145개를 가진 토성이예요. (목성의 위성 수는 95개). 모든 위성에 일반적인 이름이 붙어 있는 것은 아니에요. 목성과 마찬가지로 토성의 위성들도 제각각 독특한 특징을 지니고 있어요. 일부 위성은 토성과 함께 생겨났지만, 소행성이나 카이퍼대 천체가 토성의 강한 중력에 붙들려 위성이 된 것도 있어요. 카이퍼대는 해왕성 궤도 바깥에 위치한 넓은 우주 공간으로, 거기에는 얼음과 암석으로 이루어진 작은 천체가 수많이 있어요.

타이탄*은 태양계에서 가니메데의 뒤를 이어 두 번째로 큰 위성이에요. 또, 유일하게 대기가 있는 위성이기도 해요. 우주과학자들은 수십억 년 전에 지구에서 생명을 탄생시킨 것과 비슷한 화학적 과정이 타이탄에서 일어난다고 생각해요. 카시니호는 2005년에 타이탄에 무인 우주 탐사선 호이겐스호를 착륙시켰어요. 호이겐스호는 1655년에 타이탄을 발견한 네덜란드 천문학자 크리스티안 하위헌스(Christiaan Huygens)에서 딴 이름이에요.* 호이겐스호는 생명체에 꼭 필요한 유기 분자(탄소를 포함한 화합물 분자)를 발견했어요. 타이탄은 태양에서 너무 멀리 떨어져 있고 아주 추워서 생명이 탄생하기 힘든 환경으로 보여요. 산소는 얼음 속에 갇혀 있어요. 지구처럼 타이탄의 대기도 주로 질소로 이루어져 있어요. 메탄(CH_4)은 지구에서는 기체 상태로 존재하지만, 타이탄에서는 액체 상태로 존재해요. 타이탄에서는 메탄 비가 내리고, 그것이 고인 메탄 호수가 있어요.

토성의 위성인 엔켈라두스는 목성의 유로파와 비슷하게 두꺼운 얼음 표면 아래에 액체 상태의 물이 있어요. 그리고 곳곳에서 옐로

---

*타이탄 그리스 신화에 나오는 거인족인 티탄의 이름에서 딴 것이지만, 영어식으로 타이탄이라 읽어요.
*네덜란드어로는 하위헌스여서 하위헌스호라고 부르기도 하지만, 미국에서 발사한 우주 탐사선이니 영어식으로 호이겐스호라고 해요.

스톤 국립공원의 올드페이스풀 간헐천처럼 물이 표면을 뚫고 하늘 높이 솟아올라요. 엔켈라두스는 토성에 아주 가깝기 때문에 이렇게 솟아오른 물이 토성의 바깥쪽 고리들에 얼음을 계속 공급하지요. 액체 상태의 물이 있고, 토성이 끌어당기는 중력에서 나오는 에너지도 있으니, 혹시 표면 아래의 따뜻한 물에 어떤 형태의 생명체가 살고 있진 않을까요?

작고 불규칙한 모양의 포에베는 토성에서 가장 바깥쪽에 위치한 위성이에요. 포에베는 다른 위성들과는 대조적으로 얼음보다 암석 성분이 더 많아요. 그리고 다른 위성들과는 정반대 방향으로 토성 주위를 돌고 있어요. 우주과학자들은 태양계 바깥쪽에 위치한 카이퍼대 천체가 그곳을 벗어났다가 토성의 중력에 붙들렸을 가능성 때문에 포에베를 더 자세히 조사하길 원해요.

천왕성

일곱 번째 행성인 천왕성은 태양계에서 목성과 토성 다음으로 큰 행성이에요. 태양에서 아주 멀리 떨어진 천왕성은 태양 주위를 한 바퀴 도는 데 사람의 한평생에 해당하는 84년이나 걸려요. 영어로는 '유러너스(Uranus)'라고 하는데, 그리스 신화에 나오는 하늘의 신 우라노스(Ouranos)에서 딴 이름이에요.

천왕성은 망원경으로 보면 청록색으로 보이는 신비한 행성이에요. 그리고 나머지 행성들과는 달리 옆으로 드러누운 자세로(즉, 자

천왕성의 모습. 위아래 방향으로 빙 두른 고리들과 위성 몇 개가 보여요.

전축이 거의 수평으로 기울어진 채) 자전을 해요. 아마도 먼 옛날에 큰
천체와 충돌해 자전축이 심하게 기울어진 것 같아요. 천체물리학

자들은 가느다란 고리가 위아래 방향으로 돌고 있는 것도 발견했어요. 토성이 회전목마처럼 돈다면, 천왕성은 놀이공원의 대관람차처럼 돌고 있어요.

허블 우주 망원경은 천왕성 주위에서 가늘고 어두운 고리를 열세 개 발견했어요. 또, 새로운 위성도 여러 개 발견하여 천왕성의 위성 수는 모두 27개가 되었어요. 천왕성의 위성들에는 오필리아, 줄리엣, 데스데모나, 프로스페로처럼 셰익스피어(Shakespeare)의 작품에 나오는 인물들 이름이 붙어 있어요. 천왕성의 대기는 주로 수소와 헬륨으로 이루어져 있어요. 일부 수소는 탄소와 결합하여 메탄 구름을 이루고 있어요. 1781년에 천왕성이 발견된 뒤, 과학자들은 천왕성의 궤도가 가끔 불규칙하게 변한다는 사실에 의문을 품었어요. 그래서 발견되지 않은 행성이 또 있어 그 중력이 천왕성에 영향을 미친다고 생각하고서 미지의 행성을 찾으러 나섰어요. 그러다가 결국 해왕성을 발견했어요.

해왕성

해왕성은 1846년에 발견되었어요. 해왕성은 태양에서 약 45억 km 거리에 있어 지구보다 약 30배나 먼 곳에 있어요. 그래서 태양 주위를 한 바퀴 도는 데 무려 164년이나 걸려요.

해왕성은 영어로 '넵튠(Neptune)'이라 하는데, 로마 신화에 나오는 바다의 신 넵투누스(Neptunus)의 이름에서 딴 것이에요. 해왕성

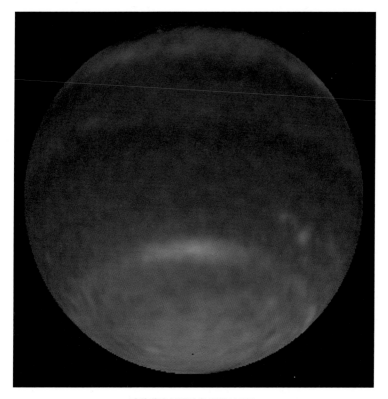

파란색의 아름다운 해왕성 모습

은 파란색의 아름다운 행성으로, 흰색의 가느다란 구름이 곳곳에 떠 있어요. 태양계의 행성 중에서 가장 멀리서 궤도를 도는 해왕성은 희미한 고리가 여섯 개 있는데, 고리의 주성분은 먼지예요. 2013년에 허블 우주 망원경은 해왕성에서 새로운 위성을 하나 발견해 해왕성의 위성 수는 14개로 늘어났어요. 가장 큰 위성인 트리톤은 명왕성보다도 훨씬 커요.

해왕성의 대기는 천왕성과 비슷하며, 주요 성분은 메탄과 수소, 헬륨, 암모니아예요. 해왕성이 파란색으로 보이는 이유는 공기 중의 메탄이 파란색 빛을 반사하기 때문이에요. 일부 과학자들은 해왕성의 대기압이 아주 높아 메탄 분자 속의 탄소 원자들이 압축되어 다이아몬드 결정이 만들어질 수도 있다고 생각해요. 아직까지 해왕성을 방문한 사람은 아무도 없지만, 설사 방문한다 하더라도 매우 차갑고 유독한 공기 때문에 활동하기 힘들 거예요.

해왕성도 천왕성처럼 그 궤도에 설명하기 힘든 변화가 나타났어요. 그래서 과학자들은 해왕성의 궤도 바깥에 또 다른 행성이 있을 것이라고 생각하고 탐사 작업을 시작했어요. 그들은 그 미지의 행성을 '행성 X'라고 불렀어요. 그리고 많은 노력 끝에 명왕성을 발견했는데, 천문학자들이 기대했던 것보다 크기가 작았어요.

명왕성-행성의 자격을 박탈당한 비운의 천체

명왕성은 50년 이상 태양계의 아홉 번째 행성으로 인정받아 왔어요. 영어로는 '플루토(Pluto)'라고 하는데, 로마 신화에 나오는 저승 세계의 신 플루톤(Pluton)의 이름에서 딴 것이에요. 명왕성은 고리는 없지만, 위성은 다섯 개가 있어요. 가장 큰 위성인 카론은 크기가 거의 명왕성과 비슷해요. 나머지 네 개는 아주 작아서 허블 우주 망원경으로 발견되었어요.

명왕성은 얼음과 암석으로 이루어진 천체로, 얼어붙은 질소, 메탄, 일산화탄소(CO)로 뒤덮여 있어요. 명왕성은 행성이라고 하기에는 크기가 작은 편인데, 달을 비롯해 태양계의 위성 일곱 개보다도 작아요. 명왕성은 다른 행성들처럼 둥근 모양을 하고 있지만, 그 궤도는 원에 가깝지 않고 아주 길쭉한 타원을 그려요. 그래서 태양에서 가장 멀어질 때에는 태양에서 약 59억 km나 떨어지지만, 태양에 가장 가까워질 때에는 약 39억 km까지 다가오기 때문에, 가끔은 해왕성보다 더 안쪽에서 궤도를 돌 때가 있어요. 그래서 2006년에 국제천문학연맹(IAU)은 투표를 통해 명왕성을 행성에서 제외하고, 대신에 왜행성으로 분류했어요.

명왕성을 행성에서 제외하는 일을 닐이 주도했다고 잘못 알고 있는 사람들이 많은데, 사실은 닐이 아니고 캘리포니아공과대학의 마이크 브라운(Mike Brown) 박사가 주도했어요. 브라운은 명왕성보다 크면서 더 멀리서 궤도를 도는 에리스를 발견했어요. 그러자 국제천문학연맹은 이와 비슷한 천체가 더 발견될 가능성 때문에 행성의 정의를 다시 세우기로 결정했지요. 새로운 정의에 따르면, 행성은 태양 주위의 궤도를 돌아야 하고, 모양이 둥글어야 하며, 자신의 궤도에서 지배적인 영향력을 발휘해 다른 천체들을 모두 밀어내거나 압도해야 해요. 이 기준에 따라 길쭉한 타원 궤도를 가진 명왕성은 행성에서 제외되었어요.

천체물리학자들은 해왕성 너머부터 태양계 가장자리에 이르는 지역에서 얼음과 암석으로 이루어진 천체를 300개 이상 발견했어요. 그중에는 왜행성으로 분류할 만큼 충분히 큰 것도 있어요. 예컨대 에리스 외에 마케마케와 하우메아도 있어요. 지금까지 가장 먼 곳에서 발견된 얼음과 암석 천체는 세드나인데, 세드나도 가까운 장래에 왜행성으로 분류될 가능성이 높아요. 소행성대에서 가장 큰 소행성인 케레스는 다섯 번째 왜행성으로 인정되었어요.[*]

헤이든 플라네타륨 관장인 닐은 로비에 전시돼 있던 거대한 태양계 행성 모형에서 명왕성을 빼야 했어요. 그 때문에 초등학생들에게서 항의 편지를 많이 받았어요. 하지만 그것은 닐이 내린 결정이 아니었어요. 닐은 명왕성을 행성에서 왜행성으로 지위를 낮춘 국제천문학연맹의 방침을 따를 수밖에 없었어요. 닐은 초등학생들이 자신을 '명왕성을 싫어하는 사람'이라고 부르는 말을 듣고 기분이 좋지 않았어요. 닐은 우주의 다른 천체들과 마찬가지로 명왕성을 좋아해요. 닐은 만약 명왕성이 감정이 있다면, 태양계에서 가장 작은 행성 대신에 카이퍼대에서 가장 큰 천체가 된 것에 오히려 우쭐해 할 것이라고 생각해요.

카이퍼대

해왕성 궤도 바깥에 카이퍼대라는 지역이 있어요. 이곳은 더 차가운 소행성대라고 할 수 있는데, 명왕성과 에리스, 세드나를 비롯해

---

[*] 2008년, 국제천문학연맹이 인정한 왜행성은 모두 다섯 개예요.

얼어붙은 암석 천체가 수많이 있기 때문이에요.

태양에서 77억~80억 km 거리에서 궤도를 도는 이 암석 천체들은 태양계를 탄생시킨 원시 행성 원반에서 남은 물체일 가능성이 높아요. 카이퍼대 천체라 부르는 이 암석 천체들은 서로 합쳐져 행성을 만들지 못했어요. 현재까지 발견된 카이퍼대 천체 중 가장 먼 것은 세드나예요. 세드나는 카이퍼대 가장자리에 위치한 동시에 태양계에서 맨 마지막 지역인 오르트 구름이 시작되는 지점에 있어요.

오르트 구름의 더러운 눈 뭉치들

멀리서 태양계를 빙 둘러싸고 있는 오르트 구름은 수조 km 밖까지 뻗어 있는 것으로 추정되어요. 천체물리학자들은 오르트 구름을 카이퍼대만큼 자세히 알지 못하는데, 너무 먼 곳에 있어 조사하기가 어렵기 때문이에요. 하지만 우주과학자들은 오르트 구름에 수많은 혜성이 모여 있다고 확신해요.*

혜성은 먼지와 얼음, 얼어붙은 기체가 뭉쳐 있는 덩어리예요. 닐은 혜성을 '더러운 눈 뭉치'라고 불러요. 얼음은 물뿐만 아니라, 암모니아와 메탄이 언 것도 있어요.

혜성은 지름이 수 km에 불과할 정도로 작은 천체예요. 혜성은 아주 길쭉한 타원 궤도나 불규칙한 궤도로 태양 주위를 돌아요. 혜

---

*오르트 구름에 대해 더 자세한 정보는 닐 더그래스 타이슨과 도널드 골드스미스가 쓴 『오리진: 140억 년의 우주 진화』에서 볼 수 있어요.

아이손 혜성.
2013년 11월에 태양에 최대한 가까이 다가가기 9일 전에 촬영한 모습이에요.

성이 태양에 가까이 다가오면, 태양열 때문에 얼어붙은 기체 일부가 녹아요. 녹은 기체 물질과 먼지는 태양풍 때문에 혜성에서 긴 꼬리를 끌며 떨어져 나가요. 태양풍은 태양에서 태양계 바깥쪽으로 뻗어 나가기 때문에, 혜성의 꼬리는 태양에 다가올 때나 태양에서 멀어질 때나 항상 태양 반대쪽으로 뻗어 나갑니다.

어떤 혜성은 태양을 한 바퀴 돌아 멀어져 간 뒤에 다시 돌아온 적이 없어요. 이렇게 다시 돌아올 날짜가 너무 멀거나 언제 돌아올지 알 수 없는 혜성을 비주기 혜성이라고 불러요. 반면에 비교적 일정한 간격으로 다시 돌아오는 혜성을 '주기' 혜성이라고 불러요. 가장 유명한 주기 혜성이 핼리 혜성인데, 약 76년마다 한 번씩 돌아와요. 닐은 주기 혜성보다 비주기 혜성에 더 큰 흥미를 느끼는데, 비주기 혜성이 더 극적인 광경을 연출할 때가 많기 때문이에요. 비주기 혜성은 태양 주위를 한 바퀴 도는 데 수천 년이 걸릴 수도 있고, 한 번만 나타나고 다시 나타나지 않을 수도 있어요. 혜성은 태양을 방문할 때마다 얼음이 녹아서 떨어져 나가기 때문에 점점 크기가 작아져요. 그래서 얼음 물질이 다 녹고 암석만 남으면, 혜성은 소행성으로 분류되지요.

밤하늘에서 눈길을 사로잡을 정도로 밝은 혜성은 적어도 10년에 한 번은 나타나므로, 여러분은 살아가면서 그런 혜성을 볼 가능성이 아주 높아요. 2013년 후반에 우주과학자들이 수백 년 만에 가장 밝은 혜성이 될 것이라고 기대했던 혜성이 지구에 다가왔어요. 아이손(ISON) 혜성이라는 그 혜성은 러시아의 한 천문학자가 발견했어요. 그 천문학자는 이 혜성에 자신이 사용한 망원경 이름을 붙였어요. 10개국이 공동으로 소유한 그 망원경 이름이 국제 과학 광학 네트워크(International Scientific Optical Network, ISON)였거든요. 오르트 구름을 떠나 태양을 향해 다가온 아이손 혜성은 지구 가까이를 지나갔어요. NASA는 2013년 12월에 아이손 혜성이 태양에 너무 바짝 다가가는 바람에 강한 태양열에 완전히 분해되고 말았다고 발표했어요. 일반 대중은 밤하늘에서 아주 밝은 혜성을 보지 못해 실망했지만, 과학자들은 아이손 혜성 관측을 통해 혜성에 대해 많은 것을 알아냈어요.

유성이나 유성우는 혜성이 지구의 궤도를 지나간다는 것을 보여주는 증거예요. 혜성이 긴 꼬리를 끌며 지나간 우주 공간에는 기체 물질과 먼지와 암석 파편이 남아요. 지구가 태양 주위를 돌다가 그곳을 지나가면, 이 작은 입자들이 지구 대기권으로 들어오면서 불타 밤하늘에 밝게 빛나는 선으로 나타납니다. 이것을 유성 또는 별똥별이라 부르지요. 매년 8월에 페르세우스자리에서 페르세우스자리 유성우를 볼 수 있어요. 이 유성우는 30년마다 태양을 찾아오는 스위프트-터틀 혜성의 잔해가 있는 지역을 지구가 매년 8월에 지나가기 때문에 나타납니다. 스위프트-터틀 혜성이 마지막으로 나타난 때는 1992년이었어요. 매년 11월에 나타나는 사자자리 유성우는 이름 그대로 사자자리에서 볼 수 있어요. 이 유성우는 33년마다 나타나는 템펠-터틀 혜성이 마지막으로 찾아온 1998년에 남기고 간 잔해 때문에 생겨요. 쌍둥이자리 유성우는 매년 12월에 하늘을 수놓아요. 이 유성우는 파에톤이라는 소행성이 남긴 먼지 때문에 일어납니다.

혜성은 대부분의 시간을 오르트 구름에서 보내요. 우주과학자들은 다시 돌아오지 않는 혜성은 오르트 구름을 지나 태양계 밖으로 나가 저 먼 우주 공간으로 떠났을지도 모른다고 생각해요.

태양계의 끝

태양계가 끝나는 지점이 정확히 어디인지 분명히 구분하는 경계선은 없어요. 태양계의 가장자리는 아주 먼 곳에 있어 만약 우리가 그곳으로 가서 본다면, 태양은 하늘에서 그저 하나의 밝은 별로 보일 거예요. 우주 공간에서 태양의 영향이 미치는 지역을 태양권이라고 하고, 태양권의 가장 바깥쪽에서 태양계를 둘러싸고 있는 영역을 태양권 덮개라고 해요. 태양권 덮개는 태양풍에 실려 날아온 하전 입자들의 영향력이 미치는 맨 바깥 지점이라고 할 수 있어요. 태양풍의 영향이 끝나고, 성간풍(별과 별 사이의 성간 공간에 날아다니는 하전 입자들의 흐름)과 별에서 나온 입자들이 나타나는 지점이 바로 태양권의 끝 지점이에요.

오래전에 NASA는 태양계를 탐사할 목적으로 무인 우주 탐사선 파이어니어 10호와 파이어니어 11호를 발사했어요. 파이어니어 10호는 1972년에, 파이어니어 11호는 1973년에 발사되었지요. 파이어니어 10호는 소행성대와 목성을 지나 태양권 바깥쪽을 향해 나아갔어요. 불행하게도 파이어니어 10호는 1973년에 보낸 것을 마지막으로 교신이 끊기고 말았어요. 파이어니어 11호는 토성을 방문했다가 1995년에 교신이 끊겼어요. 천체물리학자들은 두 우주 탐사선이 지금쯤 태양계를 벗어났을 것이라고 추측하지만, 확인할 방법이 없어요.

1977년에 NASA는 또다시 태양계 탐사를 위해 무인 우주 탐사선

보이저 1호와 보이저 2호를 발사했어요. 보이저 1호는 현재 태양에서 240억 km 이상 떨어진 곳에서, 보이저 2호는 190억 km 이상 떨어진 곳에서 저 먼 우주를 향해 계속 날아가고 있어요. 과학자들은 하루에 약 160만 km를 날아가는 보이저 1호가 2012년에 태양권을 벗어나 성간 공간으로 들어갔다고 이야기해요. 일부 천체물리학자들은 보이저 1호가 태양계를 완전히 벗어났다고 말하길 꺼리는데, 아직도 오르트 구름의 영역에 있다고 보기 때문이지요. 하지만 보이저 1호는 분명히 태양풍의 영향력에서 벗어난 지역을 날아가고 있기 때문에, 이제 우리는 다른 별의 탐사에 나섰다고 말할 수 있어요.*

2006년에 무인 우주 탐사선 뉴호라이즌스호가 명왕성과 카이퍼대 탐사를 목적으로 발사되었어요. 뉴호라이즌스호는 2015년 7월에 명왕성을 지나 지금은 카이퍼대를 지나가고 있는데, 이 지역을 약 5년 동안 여행하면서 명왕성이나 에리스만큼 크거나 더 큰 얼음 암석 천체가 없는지 조사할 거예요. 그리고 나서 오르트 구름에 도착하기까지는 약 10년이 더 걸릴 거예요. 그러니 태양계 가장자리에 어떤 것들이 더 있는지 알려면, 인내심을 갖고 기다릴 필요가 있어요.

---

* 보이저 1호와 보이저 2호가 나아간 경로는 NASA 제트추진연구소의 'Voyager: The Interstellar Mission'에서 볼 수 있어요. http://voyager.jpl.nasa.gov.

제8장

아버지,
시민,
과학자

자신이 평소에 사용하는 도구들 사이에 서 있는 닐

닐은 키가 크고 잘생긴 아프리카계 미국인입니다. 그는 상냥한 미소를 지으면서 사무실로 성큼성큼 걸어 들어와 방문객과 힘차게 악수를 나눕니다. 떡 벌어진 어깨는 운동선수로 활약한 경력을 말해 주어요. 책장에는 책들이 가득 꽂혀 있고, 벽에는 우주와 관련된 장식품이 가득 걸려 있습니다. 인형 속에 또 인형이 들어 있는 러시아 인형들도 진열돼 있는데, 인형에는 흔히 보는 꽃 대신에 다양한 우주선이 그려져 있어요. 책상 위에는 문서 더미 외에 특별한 의미가 있는 물건들이 많이 쌓여 있어요. 한쪽 구석에는 깃펜을 꽂는 통이 있어요. 닐은 종이 위에 잉크를 묻히는 걸 좋아하기 때문에 깃펜으로 멋지게 글씨를 써요. 또 다른 구석에는 7학년 때 만든 토성 램프가 놓여 있어요. 닐은 토성의 고리를 눌러 램프에 불을 켜는 방법을 보여 주어요.

의자에 앉는 닐은 피곤이 기색이 보여요. 얼마 전에 낸 책을 홍보하기 위해 전국을 돌아다니다가 이제 막 돌아왔기 때문이에요. 또, 텔레비전 시리즈 때문에 촬영도 하고 있어요. 닐은 미국자연사박물관의 일부인 헤이든 플라네타륨 관장으로 일하면서도 짬을 내 전국을 돌아다니며 강연을 하고, 뉴스 방송을 위한 인터뷰도 하고, 여러 정부 위원회에서도 일을 해요. 이 모든 일에 열심히 몰두하는 이유는 일반 대중에게 우주과학과 우주의 작용에 관한 지식을 알려야 겠다는 사명감에 불타기 때문이에요. 닐은 연구를 위한 시간이 더 있었으면 좋겠다고 바라지만, 그 소망은 먼 미래에나 이루어질 수 있을 거예요. 지금은 남는 시간을 모두 가족을 위해 쓰고 있거든요.

가족

닐은 알래스카주 출신의 앨리스 영(Alice Young)과 결혼했어요. 앨리스는 텍사스주에서 물리학을 공부하다가 닐을 만났어요. 앨리스는 수리물리학을 전공했어요. 앨리스가 하는 연구의 무대는 주로 지구이기 때문에, 닐처럼 하늘의 별들을 바라볼 필요는 없어요.

두 사람 사이에서 딸 하나와 아들 하나가 태어났어요. 미란다(Miranda)와 트래비스(Travis)예요. 닐은 자녀가 공부를 잘하고 대학에 진학하길 바라지만, 과학자의 길을 선택하지 않더라도 개의치 않아요. 닐은 자녀들에게 과학을 전공하라고 강요하진 않지만, 자기 자식들뿐만 아니라 미국의 모든 학생들이 과학을 잘 알길 원해요.

과학 지식이 있는 시민

교양 있는 시민이라면 과학자의 길을 걷지 않는 사람도 기본적인 과학 개념을 알아야 해요. 모든 사람은 우리 앞에 닥친 과학의 쟁점들을 알 필요가 있어요. 정치적 논쟁 중에는 과학과 관련된 것이 많아요. 예를 들면, 줄기세포를 이용한 질병 치료라든가 인간이 초래한 기후 변화 문제, 우주 비행사를 우주에 보내는 문제 같은 게 있어요. 일반 시민도 이와 같은 문제들에 대해 현명한 판단을 내리려면, 과학 교육을 잘 받을 필요가 있어요.

하지만 아직 과학을 불신하는 사람들이 많은데, 이들은 기초 과학을 제대로 배우지 않았기 때문에 그래요. 닐은 과학을 잘 알아야 화석 연료를 태우는 것이 기후 변화와 아무 관계가 없다는 식의 엉터리 주장에 속아 넘어가지 않는다고 생각해요. 대기 중의 이산화탄소 농도가 점점 높아지는 상황에서 우리는 금성의 교훈을 상기할 필요가 있어요. 교양 있는 시민은 대기와 바다에서 탄소가 어떻게 순환하는지 알아야 해요. 올바른 과학 지식을 가진 시민은 공기와 물이 깨끗하고, 인간과 동물이 모두 건강한 미래를 위해 대기 중의 이산화탄소 농도를 줄이도록 정부와 산업계와 함께 협력할 수 있어요.

어떤 사람들은 사람을 우주로 보내는 것은 돈 낭비라고 주장해요. 하지만 닐은 우주 기술과 우주 탐사가 민족의 자긍심과 국가 경제에 도움이 된다고 생각해요. 그는 심지어 그것을 주제로 책까지 썼어요.

우주에 관한 글쓰기

닐은 우주에 대한 열정을 다른 사람들과 함께 나누고 사람들에게 과학에 대한 흥미를 고취시키기 위해 책을 쓰고 잡지에 기사를 실어요. 얼마 전에 쓴 책은 『스페이스 크로니클 *Space Chronicles*』인데, 이 책에서 닐은 현재 미국의 우주 계획이 처한 상황에 불만을 토로했어요. 한때 미국은 소련과 경쟁하면서 우주 개발을 선두에서 이끌었지요. 그런데 지금은 중국과 일본, 인도하고도 경쟁하는 처지가 되었습니다.

NASA가 국제우주정거장(ISS) 너머의 우주 공간으로 우주 비행사를 보낸 지도 벌써 수십 년이 지났어요. 1998년에 띄워진 국제우주정거장은 지상 370km 높이에서 지구 저궤도(지표면에서 200~2000km 높이의 궤도)를 돌고 있어요. 국제우주정거장에서는 다양한 국적의 우주 비행사가 최대 여섯 명까지 머물면서 여러 가지 중요한 실험을 합니다. 우주 비행사를 국제우주정거장으로 실어 나르는 일은 우주 왕복선이 담당했어요. 우주 왕복선은 허블 우주 망원경을 수리하기 위해 우주 비행사를 실어 나르는 임무도 맡았지요. 하지만 우주 왕복선 계획은 1981년부터 2011년까지 계속되다가 대체할 우주선도 없는 상태에서 끝나고 말았어요. 이제 미국인은 우주 비행사를 국제우주정거장으로 실어 나를 때 러시아 우주선을 사용해야 해요.

1972년 이후로는 달을 밟은 사람이 아무도 없어요. 닐은 인간의 달 착륙이 미국인들에게 우주 계획에 대한 흥분을 다시 불러일으킬 것이라고 생각합니다. 그리고 달의 뒷면은 망원경을 설치하기에 아주 좋은 장소라고 믿어요. 달에는 공기가 전혀 없기 때문에 우주의 모습을 아주 선명하게 볼 수 있어요. 할 수만 있다면 닐은 달에 월면 기지를 설치하고 싶어 하는데, 월면 기지는 소행성이나 화성을 방문할 우주선을 발사하기에 아주 이상적인 장소가 될 거예요.

현재 NASA는 태양계 내에 무인 우주 탐사선을 여러 대 보냈고, 태양계 밖으로도 한 대 보냈어요. 로봇 우주 탐사선이 사람을 직접 보내는 것보다 훨씬 비용도 싸고 안전하지만, 닐은 로봇과 인간이 함께 태양계 탐사에 나서는 걸 보고 싶어 해요. 예를 들면, 닐은 사람이 직접 화성으로 가서 생명체의 증거를 조사해야 한다고 생각해요. 지금은 로봇이 화성에서 중요한 조사 활동을 하고 있지만, 로봇은 사람과 같은 호기심이 없고, 예상치 못한 상황에 대응하는 능력이 떨어져요. 게다가 인간은 기계보다는 다른 인간에게 더 동질감을 느껴요. 다른 사람들도 유인 우주 비행에 더 큰 관심을 보일 거예요.

이 책에서 닐은 NASA의 예산을 두 배로 늘려야 한다고 호소해요. 우주 탐사는 더 많은 학생이 과학자와 과학 교사의 길로 나아가도록 자극함으로써 미국의 과학 교육 향상에도 기여할 거예요. 우주 탐사의 성과는 과학과 기술, 공학, 수학 분야에 두루 그 혜택이 미칠 거예요. 닐은 우주 기술 분야에서 일어난 새 발명들은 경제뿐만 아니라 삶의 질을 높이는 데에도 도움이 된다고 말해요.

닐이 지금까지 쓴 책은 모두 열 권이에요. 하나는 자서전이고, 나

헤이든 플라네타륨 관장이 되고 나서 몇 년 뒤인
1999년에 닐이 새로 들여온 자이스 스타 프로젝터를 기념하여 찍은 사진.

머지는 우주의 기원, 블랙홀, 명왕성에 관한 정보를 제공하는 책이에요. 1983년부터 닐은 잡지 「스타데이트 *StarDate*」에 우주에 관한 일반 대중의 질문에 답하는 형식의 칼럼을 써 왔어요. 하지만 이 칼럼에서 그는 자신을 천체물리학자 닐 더그래스 타이슨으로 내세우지 않아요. 대신에 안드로메다은하에서 지구를 방문한 멀린이라는 학자로 행세하지요. 이 칼럼을 모아 두 권의 책이 나왔는데, 이 책들을 위해 닐의 형 스티븐(Stephen)이 기발한 일러스트레이션을 그렸어요. 닐은 트위터에 많은 팔로워가 있지만, 복잡한 우주과학 이야기는 많이 하지 않으려고 해요. 대신에 머릿속에 떠오르는 대로 흥미로운 이야기를 함께 나누려고 하지요. 얼마 전에 닐은 꼬드김에 넘어가 DC 코믹스*의 만화책 『슈퍼맨』에도 등장했어요. 이 만화책에서 닐은 슈퍼맨이 27광년 떨어진 별 주위를 도는 고향 행성을 볼 수 있도록 도왔어요.

우주에 대해 이야기하기

닐은 우주의 경이로움에 감탄하는 데 그치지 않고, 그 경이로움을 행성과 별과 은하가 어떻게 작용하는지 잘 모르는 사람들과 함께 나누려고 노력해요. 열다섯 살 때 닐은 근처 대학에서 어른들을 대상으로 첫 번째 강연을 했어요. 남을 가르치는 일은 닐에게는 아주 자연스러웠는데, '우주에 대해 이야기하는 것은 숨 쉬는 것과 같았기' 때문이에요. 닐은 현재 프린스턴 대학교에서 학생들을 가르치고, 전 세계를 돌아다니며 강연을 해요.

닐의 강연은 마치 공연을 보는 것과 같아요. 팔을 휘두르고 다양한 얼굴 표정으로 극적인 동작을 곁들여 자신감이 넘치는 저음의 목소리로 과학이 자신을 얼마나 흥분하게 하는지 보여 주어요. 어려운 과학 개념을 쉽게 이해할 수 있는 말로 바꾸어 표현하는 능력과 뛰어난 유머 감각 때문에 청중은 그의 이야기에 귀를 기울이지 않을 수 없어요.

*DC 코믹스 만화책을 만들고 판매하는 미국의 출판사로 미국 만화 시장의 80% 이상을 차지하고 있어요. 대표작으로 『슈퍼맨』, 『배트맨』 등이 있어요.

닐은 뉴스와 버라이어티 뉴스쇼에도 과학 전문가로 자주 나와요. PBS에서는 〈노바 사이언스나우 NOVA scienceNOW〉라는 시리즈를 진행했어요. 도널드 골드스미스와 함께 쓴 책은 2004년에 PBS에서 닐이 진행한 노바 미니시리즈에서 '오리진(Origins)'이란 제목의 4부작 프로그램에 딸린 책이 되었어요. 닐은 현재 '스타토크(StarTalk)'라는 라디오 토론 프로그램을 진행하고 있어요. 또, 많은 유튜브 비디오에도 등장했고, 황금 시간대 시트콤에도 출연했어요.

칼 세이건의 〈코스모스 Cosmos : A Personal Voyage〉가 처음 방영된 지 34년이 지났을 때, 21세기의 시청자를 위해 만든 그 시리즈의 후속작에서 닐은 세이건의 부인인 앤 드리언(Ann Druyan)과 함께 진행을 맡았어요. 2014년에 방영된 새 〈코스모스 Cosmos : A Spacetime Odyssey〉는 최신 정보를 많이 추가해 처음 작품을 크게 개선한 것이에요.* 닐은 이 다큐멘터리 프로그램을 통해 더 많은 사람들에게 다가갈 수 있게 되어 매우 기뻐했어요.

우주과학자로서의 활동

미국 정부와 박물관들은 우주과학을 대표하는 인물인 닐에게 그에 합당한 상과 영예를 주었어요. 앞에서 언급했듯이, 한 소행성에는 그의 이름이 붙어 있어요. 조지 부시(George W. Bush) 대통령은

---

* 닐이 진행을 맡은 〈코스모스〉는 13부작으로 제작되어 2014년 3월부터 2014년 6월까지 폭스 텔레비전과 내셔널 지오그래픽 네트워크를 통해 방영되었어요.

2001년과 2004년에 우주 탐사의 미래를 연구하는 대통령 자문 위원회 두 곳에 닐을 자문 위원으로 임명했어요. 2004년에 NASA는 닐에게 공공 서비스 공로 훈장을 수여했어요. 이것은 NASA가 정부 공무원이 아닌 사람에게 줄 수 있는 상 중 가장 높은 상이에요.

2006년, NASA는 닐을 우주 비행사 닐 암스트롱과 함께 자문 위원으로 임명했어요. 닐이 살아오면서 본 것 중 가장 극적인 광경은 열네 살 때 본 개기 일식이었어요. 1973년에 닐은 개기 일식을 더 잘 보기 위해 캔버라호를 타고 서아프리카 해안 앞바다로 갔어요. 그때 닐 암스트롱도 같은 배에 타고 있었어요. 달을 최초로 밟은 지 3년이 지났을 때였지요. 닐은 유명한 우주 비행사와 자리를 함께하게 된 행운에 크게 감격했어요. 2012년에 암스트롱이 죽자, 우주 탐사의 역사에 길이 남을 사람을 잃은 데 대해 온 나라가 슬퍼했어요.

> 과학자가 되어 좋은 점은 세계를 불가사의한 대상이 아니라
> 알 수 있는 것으로 만드는 렌즈를 손에 쥐게 된다는 데 있지요.
> –닐 더그래스 타이슨, 2012년 4월 25일에 저자와 한 개인 면담에서 한 말

닐은 자신이 천체물리학자로 살아가는 삶에 만족해요. 우주과학자가 되려는 학생들에게 닐은 남들이 원하는 사람이 되지 말고 자신이 원하는 사람이 되라고 충고해요. 닐은 학생은 우주의 언어인 수학을 열심히 배워야 하고, 배움에는 시간이 많이 걸린다는 사실

을 알아야 한다고 강조해요.

훌륭한 과학자는 마음이 아직 어린 사람이에요. 왜냐하면, 결코 호기심을 잃지 않고, 계속 질문을 던지기 때문이지요. 이들은 솔직하고, 우주에 대해 새로운 것을 배우려는 동기가 강해요. 또, 이들은 가만히 앉아서 우주를 관측하는 일만 하지 않아요. 암흑 물질을 탐지할 장비를 새로 발명하거나 더 깊은 우주를 볼 수 있도록 망원경을 개선하는 일도 해요.

마지막으로, 훌륭한 과학자는 비판을 받아들일 줄 알고, 새로운 생각에 마음을 열어야 해요. 예를 들면, 과학자들이 명왕성을 왜행성으로 분류했을 때, 닐은 그것을 '발전과 발견'을 약속하는 긍정적 신호로 보았어요. 과학에서 새로운 생각은 태양계와 우주에 대해 더 많은 것을 알아내는 데에서 비롯되거든요.

닐은 우주과학 외에 천체물리학 분야에서도 전문가로 인정받아요. 2008년, 보스턴의 과학박물관은 닐에게 워시번 상을 수여했어요. 이 상은 '과학과 과학이 우리의 삶에서 차지하는 중요한 역할을 대중에게 이해시키는 데 크게 기여한 개인'에게 주어요.

2012년, 닐은 미국 의회에 출석해 우주 탐사가 미국에 얼마나 중요한지 증언했습니다. 닐이 증언한 내용은 유튜브에서 볼 수 있어요.

미국 의회는 2013년에 계관 과학자 자리를 만드는 법을 통과시켰어요. 계관 과학자의 자격은 '자기 분야에서 국가적으로 유명한 전문가로, 전국을 돌아다니며 미래의 과학자들에게 영감을 불어넣을 사람'이었어요. 닐은 이미 그런 역할을 수행하고 있었기 때문에, 「뉴욕 타임스」는 닐에게 그 자리를 주어야 한다고 주장했어요.

뉴욕 시 시민

2001년 9월 11일 오전, 이슬람 테러리스트들이 민간 여객기 두 대를 납치해 맨해튼의 세계무역센터 건물에 충돌시켰어요. 두 건물은 몇 시간 만에 무너졌고, 이 참사로 3000여 명의 무고한 사람들이 목숨을 잃었으며, 뉴욕 시 전체가 폭발의 잔해와 공포로 뒤덮였지요. 닐 가족은 '그라운드 제로'라고 부르는 참사 현장에서 불과 네 블록 떨어진 곳에 살고 있었는데, 무너지는 건물에서 발생한 먼지가 그들이 사는 아파트를 뒤덮었어요. 닐은 이 끔찍한 비극을 두 눈으로 생생하게 목격했어요.

아파트가 깨끗이 정리될 때까지 닐은 가족과 함께 맨해튼을 떠나 부모님 집에서 지냈어요. 맨해튼으로 돌아온 닐은 자신이 이전과 다른 사람으로 변했다는 사실을 깨달았어요. 이제 이전보다 아이들을 더 자주 안아 주었고, 낯선 사람들에게 더 친절하게 대했어요. 이전보다 감정이 북받치거나 분노하는 일이 잦았고, 쉽게 슬픔에 빠져들었어요. 특히 다른 사람에게 관용을 보이지 않는 사람들의 행동을 참을 수가 없었어요.

9·11테러가 있고 나서 10년이 지난 지금도 닐은 그때 일을 자주 생각하면서 슬픔에 잠깁니다. 그리고 사이렌 소리가 들릴 때마다

그때의 끔찍한 시간이 떠올라요.

맨해튼헨지

옛날 사람들이 거대한 돌로 만든 불가사의한 구조물이 세계 각지에 널려 있어요. 그중에서도 영국 남서부에 있는 스톤헨지가 가장 유명하지요. 고고학자들은 거대한 돌들이 고리 모양으로 늘어선 이 구조물이 태양이 지나가는 길을 표시한다고 생각해요. 예를 들면, 스톤헨지의 북동쪽 입구는 하지 때 해가 뜨는 방향과 동지 때 해가 지는 방향이 일치해요. 닐은 청소년 시절에 영국을 방문해 스톤헨지와 비슷한 거석 구조물을 본 적이 있어요.

현대 인류도 돌로 거대한 구조물을 만들어요. 도시의 사무실 건물과 아파트 같은 고층 건물이 바로 그런 예지요. 하늘 높이 치솟은 고층 건물들은 뉴욕 시를 대표하는 특징이기도 해요. 맨해튼의 거리들은 고층 건물들 사이에 바둑판 모양으로 뻗어 있지요. 이 고층 건물들은 태양이 지나가는 길을 표시하기 위해 지은 것은 아니지만, 닐은 뉴욕 시에서 흥미로운 현상에 주목했어요. 매년 5월 29일 무렵과 7월 12일 무렵(정확한 날짜는 매년 조금씩 다를 수 있어요)이 되면, 해가 서쪽으로 질 때 정확하게 교차로를 따라 움직이면서 허드슨 강으로 가라앉는 것처럼 보여요. 닐은 스톤헨지를 떠올리고는 이 특별한 현상에 '맨해튼헨지(Manhattanhenge)'라는 이름을 붙였어요.

맨해튼헨지

와인 감식가

닐은 고급 와인을 즐겨요. 맨해튼의 어떤 레스토랑들은 닐을 프랑스 와인 전문가로 인정해요. 특히 미국자연사박물관의 동료들은 닐의 해박한 와인 지식을 높이 평가해요. 닐은 가끔 동료들을 위해 와인 시음회를 열기도 합니다. 와인 시음회 도중에 닐은 가끔 대학 시절에 배운 춤을 추기도 해요.

사람들은 고급 와인을 잘 아는 사람은 교육과 문화 수준이 높은 사람으로 여기는 경향이 있어요. 몇 해 전에 한 와인 가게 주인이 닐에게 무례하게 대한 적이 있었는데, 닐은 그 사람이 자신을 수준이 낮은 사람으로 취급하는 태도에 화가 났어요. 혹시 자신의 피부색이 그 사람의 태도에 영향을 미친 것이 아닌가 하는 의심이 들었지요.

영화 비평가

닐이 즐기는 취미 중 하나는 영화를 보면서 과학적 실수를 찾아내는 거예요. 닐은 영화 제작자들의 뛰어난 상상력에 경의를 표하면서도 그런 실수가 과학적 무지를 드러낸다고 생각해요. 블랙홀과 소행성에 대해 사람들이 오해하고 있는 생각이 영화 장면에 나올 때마다 닐은 미소를 짓습니다. 많은 영화에서는 우주선이 소행성들 사이를 힘겹게 헤쳐 나가는 장면을 보여 주지요. 현실에서는 우주선이 소행성대를 통과할 때 소행성을 피해 가야 하는 것은 맞지만, 소행성들은 서로 아주 멀리 떨어져 있기 때문에 소행성대는 사실상

텅 빈 공간이나 마찬가지예요.

영화에서는 또 우주 공간에서 일어나는 사건을 아주 시끄러운 소리와 함께 보여 줍니다. 하지만 우주 공간은 음파를 전달하는 매질이 전혀 없기 때문에 아주 조용해요. SF 영화에서는 극적인 효과를 위해 있지도 않은 소음을 추가하는 것이지요.

닐이 가장 못마땅하게 여기는 것은 외계인들의 모습이에요. 영화에 나오는 외계인들은 대부분 사람처럼 두 팔과 두 눈을 가졌고, 두 다리로 걸어 다녀요. 하지만 다른 행성이나 은하에서 온 외계인은 우리와 다른 방식으로 진화했기 때문에 우리와 아주 다르게 생겼을 거예요. 닐은 지구에 존재하는 생명의 다양성에 놀라움을 금치 못합니다. 사람의 모습은 지구의 많은 생물하고도 아주 달라요. 예컨대 뱀이나 해파리를 보세요. 그러니 외계 생명체도 적어도 그만큼 다양할 거예요. 닐은 할리우드가 우주만큼 창조적인 능력을 보여 주길 바랍니다.

특히 닐은 영화 〈타이타닉〉에서 하늘에 별들이 빛나는 모습이 현실과 다르다고 지적합니다. 그 당시 타이타닉호가 침몰하던 곳에서 보이던 하늘의 별자리들과 다르다는 이유에서였지요. 〈타이타닉〉의 영화감독 제임스 카메론(James Cameron)도 결국 닐의 지적에 귀를 기울였어요. 〈타이타닉〉은 원래 1997년에 개봉되었는데, 2012년에 개봉 15주년과 타이타닉호 침몰 100주년을 기념해 3-D 영상으로 만들어 재개봉했어요. 카메론 감독은 영화에서 모든 것을 사실과 정확하게 일치시켰다고 자부했기 때문에, 개봉 영화에서는 닐이 제공한 밤하늘의 별자리를 반영해 수정했어요. 어쩌면 영화 제작자가 과학자를 자문 위원으로 두는 날이 올지도 몰라요. 그렇게 된다면, 닐은 다른 취미로 눈길을 돌려야 하겠지요.

블루스 애호가

닐은 블루스(blues) 음악을 듣길 좋아해요. 닐은 평소에는 쾌활한 성격이지만, 삶이 늘 밝은 것만은 아님을 전해 주는 블루스 가수들의 깊은 감정에 동질감을 느끼며 빠져들어요. 블루스의 가사는 잃어버린 사랑과 후회, 힘든 삶처럼 인생에 대한 이야기를 해요. 하지만 블루스를 부른다고 해서 계속 비참한 기분에 젖어 있는 것은 아니에요. 오히려 블루스는 바로 그런 상태를 극복하기 위해 부르는 것이기 때문이지요.

블루스는 19세기에 미국 남부의 흑인들 사이에서 시작된 음악 장르예요. 노예로 살던 그들은 조상들의 음악에서 영감을 얻어 흑인 영가나 발라드, 노동요 등으로 자신들의 고통과 슬픔을 노래했어요. 제2차 세계 대전 무렵에 전기 악기를 사용하면서 음악 수준이 높아지자, 블루스는 남부에서 다른 지역으로 널리 퍼져 나갔고, 백인 사이에서도 인기를 끌게 되었어요. 1950년대에 블루스 음악과 공연자는 리듬 앤드 블루스(rhythm and blues)에 큰 영향을 미쳤고, 블루스보다 더 큰 인기를 끈 로큰롤의 뿌리가 되었어요.

닐이 좋아하는 블루스 기타리스트이자 가수는 버디 가이(Buddy Guy)인데, 노래가 닐의 마음에 진심으로 와 닿기 때문이에요. 버디는 시카고 스타일의 블루스를 대표하는 사람이에요. 시카고는 많은 남부 흑인들이 목화밭을 떠나 이주한 곳이었어요. 시카고 블루스는 무대 위에서나 청중 사이에서 다양한 인종의 사람들을 혼합시키는 데 크게 기여했어요. 오늘날 버디 가이의 콘서트에 가면, 공연자들도 흑인과 백인이 섞여 있고, 귀를 기울이고 음악을 듣는 청중도 흑인과 백인이 섞여 있어요.

천체물리학자이면서 저자, 강연자, 교사, 관장, 과학 전문가, 시민, 아버지……. 닐은 이 모든 역할을 다 잘 수행하고 있어요. 이러다가 언젠가 닐이 이 많은 일에 지쳐서 두 손을 들 날이 오진 않을까요? 하지만 닐은 일을 줄일 생각이 없어요. 왜냐하면, '하늘에는 이야기할 것이 너무나도 많기 때문'이에요. 닐은 자신이 진행하는 프로그램을 보고, 자신의 책을 읽고, 트위터에서 자신을 팔로잉하는 팬들이 많다는 사실을 잘 알고 있어요. 닐은 그들을 '우주의 팬'으로 생각하며, 자신은 우주를 사람들에게 전달하는 도구에 불과하다고 여겨요. 닐은 미국 과학이 쇠퇴할까 봐 염려하며, 자신의 다양한 노력이 '미래를 구하는 데' 도움이 되길 바랍니다.

제9장

내일의 꿈

메릴랜드과학센터 바깥쪽에 설치된
실물 크기의 제임스 웨브 우주 망원경 모형.
제임스 웨브 망원경은 2021년에 우주로 발사되었어요.

> 화성을 비롯해 지구 저궤도 바깥의 어디로든지 여행하는
>
> 임무를 지휘할 우주 비행사는 현재의 중학생이 맡을 것으로 보이는데,
>
> 그런 임무는 사회의 어떤 힘도 할 수 없는 방식으로
>
> 미국의 혁신 능력에 다시 시동을 걸 것입니다.
>
> ─닐 더그래스 타이슨, 2012년 3월 7일, 미국 상원 위원회에서 한 증언

닐은 미래를 위해 초등학생들이 과학에 큰 흥미를 느끼길 바랍니다. 학생들에게 자극과 동기를 주려면, 거대한 과학 계획을 추진할 필요가 있어요. 예를 들면, 달에 사람을 다시 보내거나, 화성에 사람을 보내거나, 소행성과 지구의 충돌을 막는 계획 같은 게 필요해요. 그 밖에 미래에 추진할 만한 계획으로는 암흑 에너지와 암흑 물질의 정체를 밝혀내거나, 지구와 비슷한 행성을 더 발견하거나, 우주의 다른 곳에서 생명이 존재하는 증거를 찾는 것 등이 있어요.

과학자의 길을 걷지 않는 학생도 우주과학에 큰 흥미를 느낄 수 있어요. 사람들은 모두 자신이 사는 우주를 제대로 이해할 필요가 있어요. 닐은 미국이 자신의 '탐험 나침반'을 잃어버렸다고 생각합니다. 그는 타고난 호기심이 넘치는 어린이들이 미래의 우주 탐사를 이끌어 나가길 기대합니다.

인류는 왜 탐험을 할까

우리는 살기에 더 좋은 장소를 찾거나, 더 많은 땅을 얻거나, 돈을

벌거나, 아니면 저 너머에 또 무엇이 있는지 알기 위해 살던 곳을 떠나 미지의 땅을 탐험합니다. 닐은 1960년대와 1970년대의 냉전 시대에 우주 탐사가 활발했던 큰 이유가 미국과 소련 사이의 경쟁 때문이었다는 사실을 알고 있습니다. 닐은 우주 탐사의 주요 동기가 순수한 과학적 호기심이었으면 더 좋겠지만, 우주 탐사가 경제에도 도움을 주는 측면이 있다고 생각해요.

이전의 우주 경쟁에서 발명된 기술은 전 세계의 모든 사람들에게 많은 도움을 주었어요. 오늘날 자동차들이 목적지를 찾는 데 흔히 사용하는 GPS*는 우주에서 처음 사용하기 시작한 기술이에요. 그 밖에 우리가 많이 사용하는 발명으로는 거꾸로 세워도 글씨가 써지는 볼펜, 무선 도구, 귀 체온계, 보이지 않는 치아 교정기 등이 있어요.

오늘날 사람들은 인간이 이미 달을 밟은 것과 무인 우주 탐사선이 다른 행성을 방문하는 것을 너무나 당연하게 여겨요. 그래서 많은 사람들은 이제 우리가 우주에서 추구하던 목표들을 이미 다 이루었다고 생각해요. 하지만 우주에는 밝혀내야 할 것들이 아직도 많이 남아 있어요. 그리고 우주 탐사를 계속할 경우에 우주과학자와 공학자가 개발할 수 있는 발명들도 많이 남아 있어요.

＊GPS 범지구 위치 결정 시스템.

미래의 우주 계획

사람을 다시 달에 보내는 계획

닐은 1972년에 아폴로 계획이 끝나는 것과 동시에 미래의 우주 계획에 대한 미국인의 꿈도 끝났다고 생각해요. NASA는 2020년에 달에 다시 사람을 보내려고 하지만, 버락 오바마(Barack Obama) 대통령과 의회는 관련 예산을 삭감했어요. 그래서 정부가 주도하는 달 착륙 계획은 2030년까지는 일어날 가능성이 희박해요.

그러자 여러 민간 회사는 그때까지 마냥 기다리고만 있을 수 없다고 판단하여 직접 승객을 우주로 실어 나를 우주선 개발에 나섰어요. 그런 우주선이 개발되면 달을 관광하려는 사람들이나 달에 기지를 건설할 사람들이 우주여행에 나설 거예요.[*]

아폴로 우주 비행사들은 달에 머무는 동안 필요한 공기와 물, 연료를 모두 다 싣고 갔어요. 하지만 이런 자원들은 오래 쓸 수가 없고, 장기간의 여행에 필요한 모든 물자를 우주선에 다 싣고 갈 수는 없어요. 최근에 달의 극지방에 있는 깊은 크레이터에서 얼음이 발견되었는데, 닐은 이를 반가운 소식이라고 생각해요. 달에서 물을 얻을 수 있다면, 지구에서 우주선에 싣고 가야 할 짐이 그만큼 줄어들기 때문이지요. 얼음을 녹여서 식수를 얻을 수 있고, 또 물 분자를

---

[*] 아폴로 우주 비행사였던 버즈 올드린은 자신이 쓴 책 『화성 탐사 계획 Mission to Mars』 (Washington, DC: National Geographic, 2013)에서 달 기지 건설 계획을 적극 지지해요.

전기 분해하면 숨 쉬는 데 필요한 산소와 로켓 연료로 쓸 수소를 얻을 수 있어요.

버즈 올드린(Buzz Aldrin)은 닐 암스트롱의 뒤를 이어 두 번째로 달 표면을 밟은 우주 비행사예요. 올드린은 먼지로 뒤덮인 달 표면에 인간의 발자국이 또다시 새겨지는 걸 보고 싶어 해요. 하지만 올드린은 미국이 화성에 사람을 보내는 것을 주요 목표로 추진하려고 하기 때문에, 달 표면을 새로 밟는 사람은 반드시 미국인 우주 비행사가 아니어도 상관없다고 생각해요. 그렇긴 해도 올드린은 미국인이 여러 나라의 과학자들과 공학자들과 로봇들을 이끌면서 달에 기지를 건설하는 모습을 보고 싶어 해요.

달 탐사는 우주 망원경을 설치할 장소나 장거리 우주여행을 위한 우주선 발사 장소를 건설하는 데에도 큰 도움이 되어요. 달에 대규모 태양광 발전소를 건설할 꿈을 꾸는 사람들도 있어요. 그렇게 생산한 전기를 지구로 보내면, 화석 연료에 대한 의존도를 줄이는 데 도움이 될 거예요. 그리고 달 표면에서 살아가는 방법을 터득하면, 훗날 화성처럼 더 어려운 환경에서 살아가는 데에도 도움이 될 거예요.

화성에 사람을 보내는 계획

2030년대 중엽까지는 사람을 화성으로 보내 화성 주위의 궤도를 돌고 닐은 화성까지 여행하는 데에는 약 9개월이 걸린다고 말해요. 지구까지 돌아오는 데에도 비슷한 시간이 걸리지만, 두 행성이 서로 가까운 위치에 올 때까지 기다려야 하기 때문에 왕복하는 데에는 약 3년이 걸린다고 합니다.

3년이라면 집을 떠나 우주 공간에서 시간을 보내야 하는 우주 비행사에겐 엄청나게 긴 시간이에요. 지구에서도 초기의 탐험가들은 고향을 떠나 몇 년 동안 탐험에 나섰어요. 포르투갈의 탐험가 마젤란과 그의 선원들은 배를 타고 최초로 세계 일주 여행에 나섰는데, 그 항해는 1519년부터 1522년까지 3년이나 걸렸어요.

마스 원(Mars One)이라는 민간단체는 2023년에 화성으로 편도 여행에 나설 계획을 세웠어요. 그들은 나머지 태양계를 탐험할 전초 기지로 화성에 식민지를 건설하려고 했죠. 최초의 화성 주민이 되겠다고 나선 자원자는 수천 명이나 되었어요.* 이 사람들은 신대

---

*인간을 화성에 보내려는 마스 원의 계획에 대해 더 자세한 것을 알고 싶으면, http://www.mars-one.com을 방문해 읽어 보세요.

룩에서 새로운 삶을 개척하기 위해 대서양을 건넌 필그림 파더스 (Pilgrim Fathers)*만큼 용감해야 할 거예요.

화성까지 가는 긴 여행은 의학에 많은 발전을 가져올 것으로 예상되는데, 우주여행자들의 건강을 보호하기 위해 과학자들이 각별히 신경을 써야 하기 때문이에요. 무중량 상태는 뼈 손실을 초래하고, 화성 주변의 높은 방사능 농도는 암을 유발할 가능성이 높아요. 의사들은 이런 문제들에 대비해 새로운 질병 예방법과 치료법을 개발해야 할 거예요. 정신 건강 전문가들은 오랫동안 우주에서 고립된 채 지내는 여행의 스트레스와 우울증을 치료할 수 있는 방법을 발견해야 할 거예요. 아직 예상치 못한 것들을 포함해 이러한 미래의 발명과 발견은 이곳 지구에서 살아가는 사람들에게도 큰 도움이 될 거예요.

오바마 행정부는 달에 사람을 보내는 계획에 별로 관심을 보이지 않았지만, 사람을 화성에 보내는 계획은 지지했어요. 하지만 오바마 대통령은 그보다 앞서 우주 비행사를 소행성으로 보내고 싶어 했죠.

소행성 방문 계획

소행성이 언론의 주목을 받은 사건이 여러 번 있어요. 2013년에는

*필그림 파더스 1620년에 영국의 종교적 탄압을 피해 범선 메이플라워호를 타고 신대륙으로 처음 건너간 102명의 청교도.

러시아 상공에서 소행성이 폭발하는 일이 일어났고, 오바마 대통령은 NASA 과학자들이 소행성을 하나 붙잡아 오길 원하며, 여러 민간 회사는 소중한 금속 광물을 얻기 위해 소행성을 채굴하려고 해요. 장래에 소행성이 우리에게 중요한 의미를 지니게 될 이유는 세 가지를 꼽을 수 있는데, (1) 과학 발전을 위해서 소행성을 연구할 필요가 있고, (2) 소중한 광물을 채취할 수 있으며, (3) 소행성과 지구의 충돌을 막는 방법을 발견해야 하기 때문이에요.

소행성 연구

소행성은 약 46억 년 전에 태양계가 생길 때 태양과 행성에 합쳐지지 못하고 남은 암석과 금속 덩어리예요. 소행성을 연구하면, 갓 태어난 태양계의 상태가 어떠했는지 알 수 있어요.

오바마 대통령은 소행성을 붙잡아 와 달 주위의 궤도를 돌게 한다는 계획을 승인했어요.* 어쩌면 2021년까지 소행성 하나가 달 주위의 궤도를 돌게 될지 모르는데, 그렇게 되면 NASA 과학자들이 소행성을 방문해 암석 표본을 채취해 옴으로써 지구에 있는 과학자들이 그것을 분석할 수 있을 거예요. 과학자들은 아직 어떤 소행성을 표적으로 삼을지 결정하지 않았지만, 붙잡아 올 만큼 충분히 작고(축구장 길이만 한 것) 가까이에 있는 것들 중에서 후보를 물색하고

---

*소행성을 붙잡아 오려는 NASA의 계획을 자세히 알고 싶으면, NASA가 제작하고 Space.com이 올린 비디오 'Animation of Proposed Astroid Retrieval Mission'을 보세요.

있어요. 소행성의 암석이나 금속을 분석하면, 소중한 광물을 채취하는 데 어떤 소행성이 좋은지 판단하는 데에도 도움이 될 거예요.

소행성 광물 채취

스페이스엑스(SpaceX), 오비털 사이언시즈(Orbital Sciences), 블루 오리진(Blue Origin) 같은 민간 회사들은 NASA와 손을 잡고 소행성대까지 안전하게 여행할 수 있는 우주선 개발에 나서고 있어요. 우주과학자들은 직접 암석 표본을 조사하지 않고도 소행성에 금이나 백금 같은 귀금속이 지구보다 훨씬 풍부하다는 사실을 알 수 있어요. 금과 금속이 값비싼 이유는 희귀하기 때문이에요. 19세기에 캘리포니아주에서 일어났던 골드러시(gold rush)*처럼 가까운 장래에 소행성대로 달려가는 우주선 행렬이 이어질지 몰라요.

소행성을 붙잡아 오기 위한 것이건, 소행성의 광물을 채취하기 위한 것이건, 소행성에 사람을 보내는 것은 장기 우주여행과 사람을 화성에 보내는 계획에도 좋은 연습이 될 거예요. 일본의 우주항공연구개발기구는 2005년에 한 소행성에 하야부사('매'라는 뜻)라는 무인 우주 탐사선을 보냈어요. 하야부사는 소행성 표면에서 먼지를 약간 채취하여 2010년에 지구로 돌아왔어요. 우주과학자들은 소행성에서 귀금속을 찾는 것 외에도 더 먼 우주여행에 필요한

*골드러시 새로운 금 산지가 발견되어 많은 사람이 그곳으로 몰려드는 현상. 특히 1848년에 미국 캘리포니아 주에서 금광이 발견되면서 1870년대까지 금광 붐이 일어난 사건을 가리켜요.

얼음과 그 밖의 물질을 찾길 기대하고 있어요. 또한, 소행성 충돌에서 지구를 보호하는 데 유용한 정보를 얻을 수도 있을 거예요.

소행성 충돌 예방

공룡이 멸종한 이유는 우주선을 만들지 않았기 때문이다……. 만약 인류가 멸종한다면, 그것은 우주의 역사에서 가장 큰 비극이 될 것이다. 행성 간 우주선을 만들 만한 지성이 부족하거나 적극적인 우주여행 계획을 세우지 않아서가 아니라, 인류라는 종이 그런 생존 계획에 등을 돌리고 자금 지원을 하지 않기로 선택하는 바람에 멸종했기 때문이다.

-닐 더그래스 타이슨, 《스페이스 크로니클》, 2012년

닐은 과학을 위해 소행성을 연구해야 한다고 생각하지만, 지구 가까이 다가오는 소행성 감시도 소홀히 해서는 안 된다고 생각해요. 매일 지구로 떨어지는 우주 물질은 400톤이 넘어요. 먼지와 조약돌 중 대부분은 대기 중에서 타 없어지고 말아요. 닐은 그보다 큰 암석이 지구에 떨어지면 폭탄과 같은 위력으로 큰 피해를 초래할 것이라고 우려해요. 막대한 피해를 초래할 만큼 큰 소행성은 100만 년에 한 번 정도 떨어져요. 애리조나주에 남아 있는 미티어 운석 구덩이(배린저 운석 구덩이라고도 함)는 약 5만 년 전에 소행성이 충돌하면서 생긴 것이에요. 지름이 약 1.2km나 되는 이 충돌 운

미국 애리조나주에 있는 미티어 운석 구덩이예요.
약 5만 년 전에 버스만 한 크기의 운석이 충돌해 생겼어요.

석 구덩이는 큰 소행성이 충돌하면 그 피해가 얼마나 될지 짐작하
게 해 주어요. 닐이 최근에 열정적으로 노력하는 일은 지구와 충돌
하는 궤도로 다가오는 소행성을 미리 발견하는 조기 경보 체계를
갖추고, 충돌하기 전에 비켜 가게 하는 방법을 마련하는 것이에요.

2013년 2월, 러시아의 한 도시 상공에서 작은 소행성이 폭발하
는 사건이 일어났어요. 폭발의 충격으로 깨진 유리 파편에 1000명
이상의 사람들이 다쳤어요. 그 소행성은 대기 중에서 폭발하면서
지상 여기저기에 작은 운석들을 뿌렸어요. 그리고 얼마 후 또 다른
소행성이 지구 주위의 궤도를 도는 통신 위성보다 더 안쪽으로 들

어오면서 지구를 스쳐 지나갔어요. 이 두 사건은 지구에 가까이 다가오는 소행성과 혜성을 확인하고 추적하는 것이 왜 중요한지 분명히 보여 주었어요.

지금까지 지구 접근 천체(near-earth object, NEO)로 확인된 소행성과 혜성은 약 1만 개나 되어요. 이 중에서 위험성이 높아 철저히 감시할 필요가 있는 것은 1200여 개예요. 미국 의회는 2020년까지 지구 접근 천체 명단을 완벽하게 작성하라고 NASA에 지시했어요. 천체물리학자들은 그때까지 지구 접근 천체가 더 많이 발견될 것이라고 예상합니다.

닐이 가장 염려하는 소행성은 아포피스예요. 아포피스는 이집트 신화에서 거대한 독사이자 어둠과 파괴의 신으로 등장해요. 2029년에 아포피스는 태양을 향해 나아가는 도중에 인공위성 궤도보다 훨씬 안쪽에서 지구를 지나갈 거예요. 그리고 2036년에 태양을 돌아 돌아갈 때에는 그보다 더 가까운 지점을 지나갈 거예요. 아포피스는 공룡을 멸종시킨 소행성보다는 작지만, 그래도 지구에 충돌한다면 엄청난 피해를 초래할 수 있어요.

지금 당장은 소행성 충돌을 막을 계획이 마련돼 있지 않지만, 과학자들은 여러 가지 아이디어를 생각하고 있어요. NASA와 유럽 우주기구는 돌진해 오는 소행성의 경로를 바꿀 수 있는 방법 세 가지를 생각하고 있어요. (1) 무거운 우주선을 소행성에 충돌시켜 그 경로를 바꾸는 방법, (2) 큰 우주선을 소행성 옆으로 보내 그 중력으로 궤도를 바꾸는 방법, (3) 핵무기를 쏘아 소행성을 폭파시키는 방법이 그것이에요. 닐은 큰 소행성을 폭파시키면, 그 파편들이 여전히 지구로 날아올 것이라고 우려해요. 꼭 필요한 대비책은 충돌 지역에 거주하는 사람들을 신속하게 대피시킬 수 있도록 조기 경보 체계를 갖추는 것이에요. 조기 경보 체계를 구축하려면, 소행성 감시에 전념하는 망원경을 더 많이 확보해야 해요. 러시아 사람들에게는 불행한 일이었지만, 2013년에 러시아에 다가온 소행성을 사전에 발견한 사람은 아무도 없었어요.

널과 마찬가지로 소행성 충돌 위험을 염려하는 우주과학자들이 많아요. 한 전직 우주 비행사가 설립한 B612 재단은 지구 근처의 궤도를 도는 소행성들을 감시하기 위해 2017년에 우주 망원경을 설치할 계획을 세웠어요. B612라는 이 재단의 이름은 앙투안 드 생텍쥐페리(Antoine de Saint-Exupéry)의 소설 《어린 왕자 Le Petit Prince》에서 어린 왕자가 살았던 소행성 B-612에서 딴 것이에요. 어린 왕자는 우연히 지구에 들른 외계인인데, 사막에 불시착한 조종사를 만나 대화를 나누면서 자신이 살던 소행성을 그리워하지요. 언젠가 우리도 어린 왕자처럼 소행성 위를 걸어 다닐지 몰라요. 연구를 위해서건, 광물 채취를 위해서건, 아니면 소행성의 궤도를 바꾸기 위해서건 말이에요.

암흑 물질

닐이 살아가면서 꼭 그 답을 이야기하고 싶은 질문은 "암흑 물질은 무엇인가?"라는 것이에요. 천체물리학자들은 1930년대부터 그 답을 찾으려고 애써 왔는데, 앞으로도 한동안 그 답을 찾는 데 매달릴 거예요. 아직까지 암흑 물질을 볼 수 있는 사람은 아무도 없지만, 암흑 물질이 미치는 영향은 볼 수 있어요. 천체물리학자들은 은하 주변에 암흑 물질 덩어리들이 존재한다고 확신하는데, 은하 옆을 지나가는 빛이 휘어지는 현상은 암흑 물질의 중력으로만 설명할 수 있기 때문이지요. 우주과학자들은 별들이 은하 안에 머무는 것도 암흑 물질의 중력 때문이라고 믿어요. 과학자들은 언젠가 암흑 물질 입자를 발견하길 기대하면서 새로운 인공위성과 망원경을 설치할 계획을 세우고 있어요.

암흑 에너지

암흑 에너지는 우주의 팽창 속도를 더 빠르게 하는 불가사의한 힘이에요. 물체들 간에 서로 끌어당기는 힘인 중력은 은하들을 서로 가까이 다가가게 하지만, 암흑 에너지는 은하들을 서로 멀어지게 해요. 천체물리학자들은 암흑 에너지의 정체가 정확하게 무엇인지 그리고 그것이 어디서 생겨났는지 전혀 알지 못해요. 그래서 암흑 에너지의 정체를 밝히기 위해 지상과 우주에 망원경을 추가로 설치할 계획을 세우고 있어요.

이미 추진되고 있는 한 가지 계획은 암흑 에너지 탐사(Dark Energy Survey, DES) 계획이에요. 이 계획은 은하단 10만 개의 크기와 모양이 시간이 지나면서 어떻게 변해 왔는지 조사하려고 해요.* 이것을 조사하면, 중력과 암흑 에너지 사이의 줄다리기 싸움에서 어느 힘이 더 강한지 알 수 있거든요. 이 정보는 우주의 미래를 예측하는 데에도 큰 도움이 되어요.

우주과학자들은 우주의 미래가 세 가지 시나리오 중 하나를 따를 것이라고 말해요. 약 100경 년 뒤에 우주의 운명은 중력과 암흑 에너지 중 어느 쪽이 더 강한가에 따라 결정될 거예요. 빅 크런치(big crunch)라 부르는 첫 번째 시나리오에 따르면, 우주는 팽창을 계속하다가 암흑 에너지가 점점 작아지면서 더 강한 중력 때문에 수축하기 시작하여 결국은 하나의 작은 점으로 줄어든다고 해요. 이것은 빅뱅이 거꾸로 일어나는 것과 같아요. 빅 립(big rip)이라 부르는 두 번째 시나리오에 따르면, 암흑 에너지가 갈수록 점점 커져 우주는 계속 팽창하다가 모든 것이 산산조각 나고 말 거예요. 이런 일이 일어나면, 우주는 점점 어두워지고 차가워질 거예요. 은하들이 점점 멀어짐에 따라 우리은하는 넓은 우주 공간에서 홀로 고립되고 말 거예요. 세 번째 시나리오는 '빅 칠(big chill)' 또는 '나이프 에지(knife-edge)*'라 부르는데, 암흑 에너지와 중력이 절묘하게 균

---

*암흑 에너지 탐사(DES) 계획을 추진하는 과학자들의 연구는 http://www.darkenergysurvey.org에서 찾아보세요.

형을 이룬 상태예요. 이 경우에는 암흑 에너지가 일정하게 유지되면서 우주는 천천히 계속 팽창하게 되어요.

우리은하 안의 다른 행성들

태양에게 행성 가족이 있다면, 다른 별들 역시 그럴 것이고,

그 행성들에서도 가능한 모든 형태의 생명이 태어날 수 있을 것이다.

─닐 더그래스 타이슨과 도널드 골드스미스, 『오리진: 140억 년의 우주 진화』에서

1600년, 이탈리아의 수도사 조르다노 브루노(Giordano Bruno)는 우주에는 생명체가 살고 있는 행성들을 거느린 별들이 많이 있을 것이라고 추측했어요. 그러한 생각은 그 당시 가톨릭교회가 가르치는 교리에 어긋나는 것이었고, 그래서 브루노는 이단으로 몰려 화형을 당했어요. 하지만 그 후에도 사람들은 그런 생각을 멈추지 않았는데, 1995년에 천문학자 제프리 마시(Geoffrey Marcy)가 처음으로 다른 별 주위의 궤도를 도는 행성을 발견했어요. 우리은하 안에서 다른 별 주위를 도는 행성을 '외계 행성'이라고 해요. 마시는 외계 행성이 수십억 개나 있다고 믿어요.* '지금까지 마시를 비롯해 우

*나이프에지 칼날이란 뜻이에요.
*제프리 마시가 외계 행성을 발견한 이야기를 더 자세히 알고 싶다면, 비키 오랜스키 위튼스타인 (Vicki Oransky Wittenstein)의 『행성 사냥꾼 Planet Hunter』(Honesdale, PA: Boyds Mills Press, 2010)을 보세요.

주과학자들이 발견한 외계 행성은 약 1000개나 되고, 외계 행성 후보로 면밀히 조사하고 있는 천체도 2000여 개나 되어요.

2009년에 NASA는 외계 행성 주위의 생명체 거주 가능 영역에서 궤도를 도는, 지구만 한 크기의 외계 행성을 찾기 위해 케플러 우주 망원경을 띄웠어요. 별에서 적당한 거리에 있고 적당한 크기를 가진 행성에는 액체 상태의 물이 존재해 생명이 나타날 수 있어요. 특히 그 별이 우리 태양과 비슷하다면, 그 가능성이 더 높아요. 케플러 우주 망원경은 하늘에서 좁은 지역에 초점을 맞춰 약 17만 개의 별을 조사 대상으로 삼았어요.

외계 행성은 광년 단위의 먼 거리에 있고 스스로 빛을 내지 않기 때문에, 직접 보기가 어려워요. 그래서 천체물리학자들은 두 가지 방법을 고안했어요. 하나는 천체면 통과 방법이고, 또 하나는 섭동 방법이에요. 천체면 통과 방법은 외계 행성이 별 앞을 지나갈 때 그 별의 빛이 아주 약간 어두워지는 현상을 이용하는 거예요. 우주과학자들은 이 미소한 별빛 변화를 탐지해 외계 행성의 존재를 알아냅니다.

두 번째 방법은 별이 행성의 중력에 영향을 받아 아주 약간 흔들리는 현상*을 이용하는 거예요. 이렇게 별이 흔들리면, 그 별빛의 스펙트럼에 미소한 변화가 생겨요. 분광계로 가시광선을 무지개 색

*이것을 섭동이라고 불러요.

의 빛 성분들로 분해할 수 있다는 건 알고 있지요? 파장이 긴 빨간색 쪽에서 파장이 짧은 파란색 쪽으로 별빛의 전체 스펙트럼이 얼마나 이동했는지 측정함으로써 별 주위에 행성이 돌고 있는지 알수 있어요. 이 두 가지 방법을 사용해 케플러 우주 망원경이 외계행성 후보를 발견하면, 과학자들은 다른 우주 망원경이나 지상 망원경을 사용해 정말로 그것이 외계 행성인지 확인해요.

케플러 우주 망원경은 처음에는 아주 큰 외계 행성만 발견할 수있었어요. 이 거대 기체 행성들을 '뜨거운 목성'이라고 부르는데, 크기가 목성만큼 아주 큰 데다가 별에 아주 가까운 곳에서 궤도를 돌기 때문이에요. 과학자들은 이런 행성에서는 생명이 살 수 없다고생각해요. 그러다가 마침내 천체물리학자들은 지구와 비슷한 크기의 작은 외계 행성들을 발견하기 시작했어요. 지구와 가장 비슷한외계 행성은 케플러-22b예요. 이 행성이 궤도를 도는 별은 태양과비슷하며, 케플러-22b는 생명체 거주 가능 영역에서 궤도를 돌고있어요. 하지만 케플러-22b는 620광년이라는 아주 먼 곳에 있어요.

지금까지 지구만 한 크기의 외계 행성 중 가장 가까이 있는 것은유럽 천문학자들이 발견했어요. 이 행성은 삼중성 중 한 별인 켄타우루스자리 알파 B 주위를 돌고 있어요. 삼중성의 나머지 두 별은켄타우루스자리 알파 A와 켄타우루스자리 프록시마(태양계에서 가장 가까운 별인)예요. 켄타우루스자리 알파 B는 4.3광년(약 41조 km)거리에 있어요. 현재 가장 빠른 우주선으로 달려도 그곳까지 가려

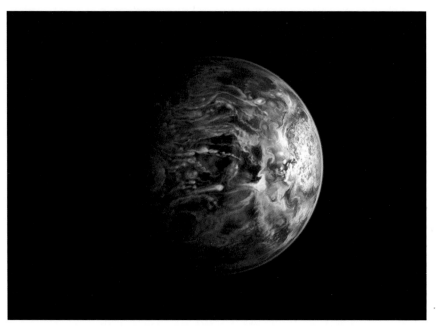

2013년에 발견된 파란색의 외계 행성 HD 189733b를 화가가 표현한 그림

면 7만 5000년은 걸려요. 이 외계 행성과 모항성 사이의 거리는 수성과 태양 사이의 거리보다 가깝기 때문에, 이 행성은 생명체 거주 가능 영역에 있지 않아요. 과학자들은 켄타우루스자리 알파 B 주위에 다른 외계 행성들이 있을 것이라는 희망을 품고 탐사 작업을 계속하고 있어요.

별이 복수의 행성을 거느린 다행성계는 예일 대학교의 천체물리학자 데브라 피셔(Debra Fischer)가 1999년에 처음 발견했어요. 그후 우리은하 안에서 독자적인 태양계를 이루고 있는 별이 여럿 발견되었어요. 적색 왜성인 글리제 667C는 태양만큼 뜨겁지는 않지만, 적어도 여섯 개의 행성을 거느리고 있어요. 그중 세 개는 지구보다 약간 더 크고, 생명체 거주 가능 영역에 위치하고 있어 액체 상태의 물이 존재할 가능성이 높아요. 글리제 667C는 전갈자리 방향으로 약 22광년 떨어진 곳에 있어요.

허블 우주 망원경은 외계 행성이 반사한 모항성의 별빛을 측정하는 방법으로 다른 곳에서 외계 행성을 발견했어요. 그것은 짙은 파란색의 아름다운 천체로, 뜨거운 목성 비슷한 행성이었어요. HD 189733b라는 이름이 붙은 이 외계 행성은 지구에서 63광년 거리에 있어요. 그런데 파란색은 바다 때문에 나타나는 것이 아니에요. 이 행성은 규소 구름으로 뒤덮인 거대한 기체 행성이에요. HD 189733b는 모항성과 거리가 너무 가까워 구름 속의 규소가 녹아 액체 유리처럼 변한 뒤 빗방울처럼 떨어지는데, 이 때문에 멀리서 보면 이 행성이 파란색으로 보이는 거예요.

외계 행성 탐사의 미래

천체물리학자들은 점점 더 작은 외계 행성을 발견하면서 외계 위성을 발견할 수 있으리라는 기대도 커지고 있어요. 우주과학자들은 목성의 유로파와 토성의 타이탄처럼 태양계의 일부 위성들도 생명이 탄생할 수 있는 장소라고 생각해요. 따라서 외계 위성 중에도 생명이 살 수 있는 장소가 있을 거예요. 물론 그런 위성이 존재한다는 것을 확실히 알려면, 지금보다 성능이 훨씬 좋은 망원경이 필요해요. 성능이 크게 개선된 망원경은 이미 발견된 외계 행성에 대해서도 그곳 환경이 뜨겁고 건조한지, 단단한 표면이 있는 행성인 기체 행성인지, 대기가 있는지 없는지를 포함해 더 많은 정보를 알려 줄 거예요.

외계 행성을 찾는 일은 왜 중요할까요? 두 가지 이유가 있어요. 첫째, 과학자들은 우주의 다른 곳에도 생명이 존재하는지 알고 싶어 해요. 둘째, 수십억 년 뒤에는 태양도 수명이 다하므로, 인류나 그 후손은 태양계를 떠나 다른 별 주위를 도는 지구 비슷한 행성으로 이주해야 할 거예요.

태양과 비슷한 별은 수명이 100억 년 정도입니다. 태양은 현재 나이가 50억 년쯤 되었으니, 앞으로 50억 년 더 계속 빛을 낼 거예요. 10억 년쯤 뒤에 태양은 아주 뜨겁게 타올라 지구의 바다가 부글부글 끓고 대기는 증발하고 말 거예요. 닐은 그때쯤에는 지구인이 화성 식민지에서 살고 있을 것이라고 예상해요.

거기서 다시 40억 년이 지나면, 태양은 마침내 수소 연료가 바닥나고 말아요. 헬륨만 남은 태양은 헬륨을 연소해 더 뜨겁게 타오르면서 부풀어 올라 적색 거성이 될 거예요. 적색 거성이 된 태양은 지름이 이전보다 약 250배나 커져 지구를 포함해 안쪽 궤도를 도는 네 행성을 모두 집어삼킬 거예요. 이제 화성 식민지에 살던 사람들도 다른 곳으로 이주할 때가 되었어요. 어쩌면 유로파나 타이탄이 충분히 따뜻해져 한동안 사람들이 살아갈 장소가 될지도 몰라요.

마침내 태양은 작은 백색 왜성으로 변했다가 완전히 어두워질 거예요. 이제 인류는 태양과 비슷한 별 주위에서 궤도를 도는 외계 행성으로 이주할 때가 되었어요. 닐은 그때쯤에는 우주과학자들이 알맞은 조건을 갖춘 외계 행성을 발견할 것이라고 기대합니다.

50억 년은 아주 긴 시간이에요. 지금 우리 중에서 태양의 종말을 볼 만큼 충분히 오래 살아남을 사람은 아무도 없어요. 지구에서 생명이 살아온 지난 30억 년 동안 호모 사피엔스가 존재한 시간은 겨우 20만 년밖에 되지 않아요. 인류가 지구에서 살아갈 미래의 시간은 그보다 훨씬 길어요. 그러니 태양의 종말을 걱정하기 전에 우리는 더 직접적인 위협을 걱정해야 해요. 예를 들면, 기후 변화나 환경오염, 소행성 충돌, 핵무기가 전쟁이나 테러에 사용될 위험 같은 것말이에요. 이런 위험들은 모두 우리가 필요한 행동을 실천에 옮기기만 한다면 충분히 막을 수 있어요. 한편, 우주과학자들은 먼 미래에 우리에게 큰 도움을 줄 외계 행성과 외계 위성을 찾는 작업을 계속해 나갈 거예요.

불행하게도 케플러 우주 망원경은 수리가 불가능한 고장이 나고 말았어요. 그래도 고장나기 전에 외계 행성을 수천 개나 발견했는데, 그중에는 생명체 거주 가능 영역에 위치한 지구만 한 크기의 행성 다수와 지구보다 작은 행성 10여 개도 포함돼 있어요. NASA는 이제 케플러 우주 망원경의 방향을 마음대로 돌릴 수 없지만, 한쪽 방향의 하늘은 계속 볼 수 있어요. 케플러 우주 망원경은 우리은하 중 아주 작은 부분만 볼 수 있어요. 성능이 훨씬 좋은 망원경들을 사용한다면, 나머지 우리은하에서 얼마나 많은 외계 행성이 발견될지 한번 상상해 보세요.

어떤 천체물리학자들은 우리은하에 있는 전체 별들 중 절반은 행성을 거느리고 있을 것이라고 생각해요. 그렇다면 외계 행성이 수천억 개나 있다는 이야기가 되어요. 태양과 비슷한 별들 중 5분의 1은 생명체 거주 가능 영역에 지구만 하거나 더 큰 외계 행성이 있을 거예요. 생명이 살 수 있는 외계 행성까지 멀리 여행하는 방법을 찾는 것은 미래 세대가 해결해야 할 숙제예요. 새로 발견되는 외계 행성의 수가 갈수록 점점 늘어나고 있으니, 이제 우주에서 생명이 사는 곳은 지구밖에 없다는 주장은 설 자리를 점점 잃고 있어요.

우주생물학

> 모든 별은 누군가에게는 태양이다.
>
> -칼 세이건, 『코스모스』, 1980년

지구는 태양계의 중심이 아닙니다. 태양계도 우리은하의 중심이 아닙니다. 또, 우리은하도 우주의 중심이 아닙니다. 그렇다면 우주에서 유일하게 생명이 사는 곳이라는 이유로 아직도 지구가 특별한 존재라고 말할 수 있을까요?

우주생물학자는 다른 행성이나 위성에서 생명을 찾으려고 노력하는 과학자예요. 우주생물학자는 천체물리학자와 긴밀히 협력해 다른 행성과 위성의 대기와 표면을 연구해요. 우주생물학자는 생명을 만드는 재료가 우주의 다른 곳에도 존재한다는 사실을 알고 있어요. 또, 다른 곳에서 생명이 존재할 수 있는 조건을 발견하더라도, 그것이 반드시 그곳에 생명이 존재한다는 뜻은 아니라는 것도 알아요. 생명이 존재하려면, 액체 상태의 물, 햇빛이나 열 같은 에너지, 그리고 탄소를 포함한 유기 분자가 있어야 해요.

지구의 생명은 약 38억 년 전에 작은 미생물에서 시작했어요. 그것은 세균 비슷한 단세포 생물이었어요. 지구에 사는 모든 생물의 기본 요소는 DNA예요. 닐은 만약 다른 행성에서 DNA를 기반으로 한 생명체가 발견된다면, 우리는 그 생명체와 연관이 있을지 모른다고 말합니다. 만약 그 생명체가 DNA를 기반으로 하지 않았다면, 그 생명체는 지구의 생명체와는 따로 생겨났을 거예요.

다른 곳의 생명체가 지구의 생명체와 완전히 다른 형태로 만들어질 수 있는 방법이 두 가지 있어요. 하나는 탄소 대신에 규소 같은 원소를 분자의 기본 구조로 사용하는 것이에요. 또 하나는 액체 상태의 물 대신에 메탄이나 암모니아 같은 액체를 바탕으로 살아가는 것이지요. 그런 생명체는 지구의 생명체와는 아주 다를 거예요!

극한 환경에서 살아남기

과학자들은 지구에서 도저히 생명이 살 것 같지 않은 장소들을 샅샅이 뒤지면서 그곳에 사는 생명체를 찾아요. 지구의 극한 환경에서 살아가는 생물을 극한 생물이라 불러요. 우주생물학자들은 이러한 생물에 큰 흥미를 보이는데, 우주에는 극한 환경이 도처에 널려 있기 때문이에요.

극한 생물의 예로는 해저 화산 근처의 열수 분출공에서 펄펄 끓으면서 뿜어져 나오는 물이나 뜨거운 유황 온천의 산성 물에서 사는 세균이 있어요. 과학자들은 햇빛이 전혀 비치지 않는 동굴 속에 사는 미생물도 발견했어요. 지구에서 가장 단단하고 추운 얼음에서도 생명이 살 수 있어요. 실제로 남극 대륙의 얼음에 붙어 사는 조류(藻類)가 발견되었어요.

지구에서 가장 추운 장소는 남극점 근처에 위치한 남극 대륙의 얼음 밑이에요. 과학자들은 수 km나 되는 단단한 얼음 밑에서 호수를 발견했어요. 그리고 그 물을 채취하려고 두꺼운 얼음에 구멍을 뚫고 있는데, 차갑고 캄캄한 그곳에 미생물이 살고 있는지 조사하기 위해서예요. 이 조사에서는 채취하는 물이 지표면에 사는 미생물에 오염되지 않도록 주의해야 해요. 우주생물학자들은 목성의 위성 유로파에도 물속에 생명이 살지 모른다고 생각해요. 미생물 오염을 막으면서 수 km 깊이의 얼음을 뚫는 기술은 장차 유로파에 로봇 탐사선을 보내 조사할 때 큰 도움이 될 거예요. 과학자들은 알래스카 북부에 위치한 북극 지방의 얼음도 조사하고 있는데, 토성의 위성 타이탄에 생명이 살 가능성을 평가하기 위해서예요.

지구에 있는 그 밖의 극한 환경들도 장래의 위성과 행성 탐사를 준비하는 데 큰 도움이 되어요. 만약 이곳 지구의 차갑고 어둡고 혹독한 장소에서 생명이 살 수 있다면, 환경이 비슷한 우주의 다른 곳에도 생명이 존재할 가능성이 있어요. 예를 들면, 시베리아의 영구동토대(땅이 항상 얼어 있는 지대)에도 미생물이 살고 있어요. 따라서 이런 곳에 사는 생명체를 찾는 작업은 화성의 영구동토에서 생명체를 찾을 때 큰 도움이 될 거예요.

지적 생명체의 존재 가능성

화성에서 한때 생명이 존재한 증거를 찾는 우주과학자들도 있지만, 현재 살아 있는 생명을 우주에서 찾으려고 하는 우주과학자들도 있어요. 만약 태양계에서 살아 있는 생명이 발견된다면, 그것은 아주 작은 미생물일 가능성이 높아요. 하지만 은하 전체를 놓고 보면, 지구처럼 수십억 년 동안 진화를 해 온 생물들이 어딘가에 있을지 몰라요. 닐은 생명체 거주 가능 영역에 위치한 외계 행성에 생명이 살고 있을 것이라고 생각해요.

만약 외계 행성이나 외계 위성에서 생명이 수십억 년 동안 진화했다면, 우리처럼 문명이 발달한 지적 생명체가 있을지도 몰라요. 1984년에 칼 세이건은 여러 과학자와 함께 SETI* 연구소를 세웠어요. 그 목적은 우주에 존재할지 모르는 지적 생명체를 찾는 것이에요. SETI는 거대한 전파 망원경을 사용해 다른 세계의 문명이 보냈을지도 모르는 전파 신호를 포착하기 위해 하늘을 샅샅이 훑고 있어요. SETI는 또한 외계 생명체의 증거를 찾기 위해 태양계와 은하를 탐사하는 계획들도 후원해요.

우주과학자들은 아직까지 태양계에서 생명의 증거를 찾는 데 성공하지 못했지만, 생명이 존재할 가능성이 있는 행성들과 위성들을 탐사하는 작업을 계속할 거예요. 외계 행성과 외계 위성에서 생명을 탐사하는 작업은 이제 막 시작되었어요. 장래에 성능이 더 우수한 망원경을 사용한다면, 우주생물학자들이 외계 생명체를 찾는데 성공할지도 몰라요.

미래의 망원경

갈릴레이와 뉴턴 시대 이후 과학자들은 더 크고 성능이 더 좋은 망원경으로 더 많은 별과 더 먼 우주를 보려고 노력해 왔어요. 갈수록 망원경이 더 커지고 성능이 좋아지고 있으니, 앞으로 천체물리학자들은 우주에 대해 더 많은 것을 알아낼 거예요.

앞으로 10년 안에 설치될 예정인 거대한 지상 망원경은 적어도 세 대가 있어요. 거대 마젤란 망원경은 외계 행성의 모습을 직접

＊SETI Search for Extraterrestrial Intelligence, 외계지적생명체탐사.

볼 수 있을 정도로 성능이 아주 좋아요. 칠레에 설치될 이 망원경은 2020년대 말부터 우주를 관측할 수 있어요. 유럽 초대형 망원경도 칠레에 건설되고 있어요. 주거울 지름이 30m여서 30m 망원경(Thirty Meter Telescope)이란 이름이 붙은 세 번째 망원경은 하와이 섬의 마우나케아산에 건설될 예정이었지만 원주민들의 반대로 지연되고 있어요. 30m 망원경은 지상에 설치되지만, 우주에 떠 있는 허블 우주 망원경보다 더 선명한 상을 얻을 수 있어요.

활동한 지 25년이 지난 허블 우주 망원경은 그동안 우주과학자들에게 별과 은하의 놀라운 모습을 보여 주었어요. 특히 허블 울트라 딥 필드(Hubble Ultra-Deep Field)는 허블 우주 망원경이 가장 멀고 가장 오래된 은하들을 탐사하기 위해 하늘에서 아주 좁은 지역을 찍은 사진이에요. 허블 울트라 딥 필드에는 1만여 개의 은하 사진이 찍혔는데, 133억 년 전의 은하도 포함돼 있어요. 따라서 이 은하는 빅뱅이 일어나고 나서 얼마 지나지 않아 우주의 나이가 아주 어릴 때 생긴 것이에요. 지상 망원경뿐만 아니라 우주 망원경도 점점 더 많이 설치되고 있어요. 천체물리학자들은 허블 우주 망원경보다 성능이 훨씬 우수한 미래의 우주 망원경에 큰 기대를 품고 있어요. 제임스 웨브 우주 망원경(JWST)은 2021년에 우주로 발사되었어요. 닐은 "현대 천체물리학자들에게 제임스 웨브 우주 망원경의 가치는 무엇보다도 아주 먼 과거의 시간을 볼 수 있는 능력, 즉 은하들이 생성되는 장면을 목격할 수 있는 능력에 있습니다."라고 말해요.*

　제임스 웨브 우주 망원경의 제작과 설치는 NASA와 유럽우주기구, 캐나다우주기구가 공동으로 추진했어요. 이 망원경의 거울은 아주 먼 곳에 있는 별과 은하가 막 생길 때 나온 최초의 빛을 포착할 수 있도록 설계되었어요. 거대한 거울은 모두 열여덟 개의 구획으로 나뉘어 제작되며, 더 많은 빛을 모을 수 있도록 얇은 금박으로 덮여 있어요. 이 망원경은 가시광선과 적외선 파장의 보이지 않는 빛을 볼 수 있어요. 또, 두꺼운 우주 먼지 구름을 뚫고 천체를 관측할 수 있어요.

　우주생물학자들도 제임스 웨브 우주 망원경에 큰 기대를 품고 있어요. 이 망원경이 이미 알려진 외계 행성에 대해 더 자세한 정보를 얻을 수 있을 뿐만 아니라, 새로운 외계 행성도 발견하리라고 기대하기 때문이지요. 외계 행성에 생명이 존재한다는 증거를 발견하려면, 그 대기의 기체 성분과 표면의 구성 원소가 무엇인지 알 필요가 있어요. 제임스 웨브 우주 망원경은 외계 행성이 반사한 별빛을 별에서 직접 나온 별빛과 따로 분리할 수 있어요. 그러면 망원경에 딸린 분광기가 그 빛을 분해하여 생명의 분자들이 존재하는지 알 수 있어요. 성능이 더 좋은 망원경을 사용하면, 우주과학자들이 전혀 기대하지 않았던 것이나 심지어 상상조차 하지 못했던 것을 발견할

* 닐 더그래스 타이슨, 2011년 10월 4일에 저자에게 보낸 이메일.

지도 몰라요.

결론

> 우리는 너무나도 강하고, 너무나도 똑똑하고, 야심적인 사람이 너무나도
> 많기 때문에, 내일을 발명할 특권을 다음 세대에 넘겨주지 않을 수 없다.
> —닐 더그래스 타이슨, 『스페이스 크로니클』, 2012년

    우리는 매일 과학과 기술을 사용하며 살아갑니다. 장차 과학자의 길을 걸어갈 사람이건 의식이 있는 시민이건, 누구나 기본적인 과학 개념을 이해하는 게 중요해요. 어쨌든 매일 우주에서 새로운 발견이 일어나는 시대에 살고 있는 우리는 운이 아주 좋습니다.

    닐 같은 천체물리학자들 덕분에 우리는 하늘에서 반짝이는 빛들에 대해 먼 조상들이 추측하던 것보다도 훨씬 많은 것을 알게 되었어요. 닐은 과학이 우주에 관한 비밀을 이제 막 알아내기 시작했다고 생각합니다. 그는 "지금 당장은 우리가 모든 답을 알지 못하기 때문에 질문 자체에 만족해야 합니다."라고 말해요. 우주에 대해 알아내야 할 것이 아직도 많이 남아 있어요. 따라서 이 책은 추가적인 연구에 영감을 주기 위해 우주를 간략하게 소개하는 입문서에 지나지 않아요. 우주를 연구하면서 더 정교한 장비를 원하는 과학자들에게 더 많은 지원을 할 필요가 있어요. 하지만 그에 못지않게 천

문학을 취미로 즐기는 사람들이나 쌍안경이나 망원경으로 하늘을 관측하는 아마추어 천문인들을 비롯해 보통 사람들의 많은 참여와 관심도 필요해요.

많은 사람들은 스마트폰이나 태블릿의 앱을 통해서만 밤하늘을 봅니다. 닐은 학생들이 텔레비전과 전자 장비를 끄고 밖으로 나가 별들과 행성들을 바라보길 원합니다. 천체물리학자가 되려면 오랜 세월이 걸리지만, 망원경으로 우주를 관측하는 데에는 학사 학위가 필요 없어요. 전문가들이 은하의 다른 것들을 관측하느라 바쁜 사이에 새로운 소행성이나 혜성 같은 천체를 아마추어가 발견하는 경우가 종종 있어요.

현재의 학생들은 다음 세대의 우주 비행사, 공학자, 우주과학자, 우주 관광객이에요. 어떤 사람들은 달에 있는 호텔에서 묵고, 우주선을 타고 행성들 사이를 유람하는 미래를 이야기합니다. 우리가 미래에 대해 큰 꿈을 꾼다면, 이런 것들이 현실이 될 수 있어요. 우주는 일부 사람들의 전유물이 아니라, 모두의 것입니다. 우주는 아주 광대하여 다음 세대가 내일을 위해 꿈꿀 거대하고 새로운 아이디어들이 도처에 널려 있어요.

우리가 아는 생명은 모두 우리와 마찬가지로 DNA를 갖고 있어요. 그래서 우리는 지구에 살고 있는 모든 생명과 유전적으로 연결돼 있어요. 이제 우리는 우주에 존재하는 모든 물체와 화학적으로 연결돼 있다는 사실도 알았어요. 모든 사람의 몸속에 우주가 들어 있다는 사실에서 닐은 자신보다 더 큰 무엇인가에 속해 있음을 느껴요.

모든 학생에게 늘 호기심을 잃지 말고, 꿈을 꾸라고 말하고 싶어요. 그리고 닐이 자주 말하듯이 "하늘을 자주 바라보세요!".

천문학자 닐 타이슨과 떠나는

우주 여행

초판 1쇄 발행 2016년 11월 22일
초판 3쇄 발행 2025년 1월 2일

지은이 캡 소시어
옮긴이 이충호
펴낸이 한혁수

편집장 천미진
편집 최지우, 김현희
디자인 최윤정
마케팅 한소정
제작관리 한지영

펴낸곳 도서출판 다림
등 록 1997. 8. 1. 제1-2209호
주 소 07228 서울시 영등포구 영신로 220 KnK디지털타워 1102호
전 화 02-538-2913 팩 스 070-4275-1693
다림 카페 cafe.naver.com/darimbooks
전자 우편 darimbooks@hanmail.net

ISBN 978-89-6177-132-0 43440